例題と演習で学ぶ
微分方程式
［改訂版］

石川恒男 著

培風館

本書の無断複写は，著作権法上での例外を除き，禁じられています。
本書を複写される場合は，その都度当社の許諾を得てください。

まえがき

　本書は，大学の工科系の学生が初めて微分方程式を学ぶための入門的解説書です．本書を書くにあたって，次の5つの基準を設定しました．

- 工科系の専門分野で役立つこと．
- なるべく多くの形の微分方程式を紹介すること．
- 定理やその証明を省くこと．
- 授業用の教科書として用いること．
- 数学の苦手な人でもある程度理解ができるレベルであること．

　この基準により，本書が微分方程式の教科書らしくないものに感じるかもしれません．また，定理や証明を省いているために，物足りなさを感じる読者もいるでしょう．理論的なことに興味をもつことはとてもすばらしいことです．本書を使ってさまざまな微分方程式の解法を習得したうえで，図書館等で証明などの記載のある教科書を参照し，理解を深めてください．

　本書は，高校での微分積分と2変数関数の偏微分と全微分，さらに線形代数における行列の計算や行列式の性質などの知識を前提にしています．また，例題は少し難しめに，問題はやさしめにしていますので，授業での例題の解説をしっかり聞いて，理解してほしいものです．

　本書は，教科書として，1年間週1回の講義でとりあつかうことを想定しています．したがって，1セメスター，つまり半年の講義で常微分方程式だけでよい場合には，

- 1章　微分方程式

- 2 章 求積法（9 節から 11 節を除く）
- 3 章 定数係数線形微分方程式（3 節と 5 節を除く）
- 4 章 ベキ級数法（4 節以降を除く）

でよいでしょう．

　改訂にあたっては，全体の説明を見直すとともに，演習問題と模擬試験問題を追加しました．やさしい順に並べてあり教科書の章の順番どおりではありませんが，各回で対応する例題が記載されていますので，授業での演習や宿題で用いてください．

　本書によって学んだことが，工学のさまざまな専門分野で現れる微分方程式の解決に役立つことを願っています．

　大阪工業大学一般教育科の数学教室の諸先生方，および培風館編集部の岩田誠司さんには筆者の原稿に対してきわめて的確なアドバイスをいただきました．末筆になりますが，深く感謝いたします．

　　2018 年　盛夏

著者しるす

目　次

1. 微分方程式　　*1*
1.1　微分方程式とは　……………………………………　1
1.2　微分方程式の解　……………………………………　3
1.3　章末問題　……………………………………………　4

2. 求積法　　*5*
2.1　積分の復習　…………………………………………　5
2.2　変数分離形　…………………………………………　7
2.3　同次形　………………………………………………　10
2.4　変数変換　……………………………………………　11
2.5　1階線形　……………………………………………　13
2.6　ベルヌイ形　…………………………………………　15
2.7　完全微分形　…………………………………………　16
2.8　積分因子　……………………………………………　19
2.9　1階高次形　…………………………………………　22
2.10　クレロー方程式　……………………………………　24
2.11　2階で y を含まない場合　…………………………　26
2.12　2階で x を含まない場合　…………………………　27
2.13　線形微分方程式と定数変化法　……………………　28
2.14　2階線形で斉次の解が1つわかっている場合　……　31
2.15　章末問題　……………………………………………　32

3. 定数係数線形微分方程式　　*35*
3.1　斉次形の一般解　……………………………………　35
3.2　非斉次形の一般解　…………………………………　38

- 3.3 解の安定性 40
- 3.4 記号解法 41
- 3.5 ラプラス変換を用いる解法 47
- 3.6 連立微分方程式 52
- 3.7 オイラー型 56
- 3.8 章末問題 58

4. ベキ級数法 *60*
- 4.1 1階正規形 61
- 4.2 2階変数係数線形微分方程式 64
- 4.3 確定特異点 66
- 4.4 特殊関数 73
- 4.5 章末問題 77

5. 偏微分方程式 *78*
- 5.1 偏微分方程式とは 78
- 5.2 1階線形 79
- 5.3 定数係数同次線形 (1) 83
- 5.4 定数係数同次線形 (2) 87
- 5.5 定数係数可約線形 91
- 5.6 章末問題 93

6. 応用例 *94*
- 6.1 1階の微分方程式 94
- 6.2 定数係数線形の微分方程式 98
- 6.3 1次元の波動方程式 102
- 6.4 変数分離法 105
- 6.5 章末問題 106

総合演習問題 *107*

問題の略解 *118*

索　引 *136*

1

微分方程式

ここでは，微分方程式とはどういうものか，みておくことにする．

1.1 微分方程式とは

x を独立変数とする．x と x の関数 y，およびその導関数

$$y' = \frac{dy}{dx}, \quad y'' = \frac{d^2y}{dx^2}, \quad y''' = \frac{d^3y}{dx^3}, \quad y^{(4)} = \frac{d^4y}{dx^4}, \quad \cdots$$

を含む方程式を**微分方程式**という．例えば，

(1)　$xy' - 3y = x^3$

(2)　$\dfrac{d^2y}{dx^2} + 3\dfrac{dy}{dx} + 2y = \cos x$

(3)　$(y')^2 + y^2 = 1$

などである．方程式のなかにある導関数のうちの最高の階数を，その微分方程式の**階数**という．すなわち (1) は 1 階，(2) は 2 階，(3) は 1 階の微分方程式である．n 階の微分方程式が n 変数関数 F を用いて

$$y^{(n)} = F(x,\, y,\, y',\, \cdots,\, y^{(n-1)})$$

の形で表されるとき，**正規形**の微分方程式とよばれる．上記の例で，(1) は x で割れば正規形，(2) も正規形であるが，(3) は正規形ではない．

なお，2 つ以上の独立変数からなる場合は**偏微分方程式**とよばれ，これと区別するために，上記のように独立変数が 1 つのものは**常微分方程式**とよばれる．偏微分方程式については第 5 章で述べる．

まず，例をひとつみてみよう．ある曲線が「原点 O と曲線上の点 P(x,y) を結ぶ直線と P における接線が常に直交する」という条件によって定義されているとする．この条件を微分方程式で表すと

$$\frac{dy}{dx} \cdot \frac{y}{x} = -1.$$

$$\therefore\ x + yy' = 0 \tag{1.1}$$

という 1 階の微分方程式になる．この方程式は第 2 章で扱う変数分離形とよばれる微分方程式であり，C を任意定数として，x, y の関係式

$$x^2 + y^2 = C \qquad (C \geqq 0) \tag{1.2}$$

は，両辺を x で微分すると

$$2x + 2yy' = 0$$

なので，確かに式 (1.1) をみたす．式 (1.2) は図 1.1 のように，原点中心で半径 $\sqrt{C}$ の円を表し，定数 C にさまざまな値を与えると円の集まりができる．つまり，初めに与えられた条件は，この円たちが共通にもつ性質といえる．

一般に，平面上の座標 (x, y) と n 個の任意定数 $C_1, C_2, \cdots, C_n$ を含む方程式

$$f(x, y, C_1, C_2, \cdots, C_n) = 0 \tag{1.3}$$

は**曲線群**(曲線の集まり) を表す．式 (1.3) を x で n 回微分して得られる n 個の方程式と式 (1.3) をあわせて任意定数 $C_1, C_2, \cdots, C_n$ を消去すれば，n 階の微分方程式が得られる．

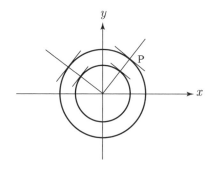

図 1.1 原点中心の円の集まり

★ **例題 1.1** 2つの任意定数 C_1, C_2 を含む曲線群 $y = C_1 x^3 + C_2 x^2$ のみたす微分方程式を求めよ．

[解] 両辺を x で2回微分すると
$$y' = 3C_1 x^2 + 2C_2 x, \qquad y'' = 6C_1 x + 2C_2.$$
これらと $y = C_1 x^3 + C_2 x^2$ から C_1, C_2 を消去すると
$$x^2 y'' - 4xy' + 6y = 0$$
となる． ∎

▶ **問題 1.1** 次の曲線群の微分方程式を求めよ．
(1) $y = \sin(x + C)$ (2) $y = Cx + C^3$ (3) $y = C_1 e^x + C_2 e^{-x}$

1.2 微分方程式の解

与えられた微分方程式を満足するような x, y の関係式で，$y', y'', \cdots$ を含まないものが**微分方程式の解**である．解には，次のようなものがある．

(a) **一般解**：n 階の微分方程式に対して n 個の任意定数を含む解．
(b) **特殊解**：一般解の任意定数に値を代入することにより得られる解．
(c) **特異解**：一般解の任意定数にどんな値をあてはめても得られない解．

図形的に (a) 一般解は曲線群で，(b) 特殊解はそれらの曲線のなかのどれかである．これらの曲線を**解曲線**とよぶ．(c) 特異解については 2.10 節の「クレロー方程式」を参照されたい．

基本的な微分方程式の問題は一般解を求めることにあるが，一般解の存在を保証する条件は「存在定理」によって与えられる．例えば，1 階正規形の微分方程式 $y' = f(x, y)$ の場合，2 変数関数 $f(x, y)$ が領域 R で偏微分できて，偏導関数 f_x, f_y が R で連続ならば微分方程式には一般解があり，R の各点を通る解は特殊解である．この教科書では一般解があるものばかりを扱うので，この点についてはこれ以上ふれないことにする．

▶ **問題 1.2** 次の関数が微分方程式 $y = xy' + (y')^2$ の解であることを示せ．また，解の種類を記せ．

(1) $y = 2x + 4$ (2) $y = Cx + C^2$ (3) $y = -\dfrac{x^2}{4}$

1.3 章末問題

1. 次の曲線群の微分方程式を求めよ．

(1) $y = \cos x + C$ (2) $2x^2 + y^2 = C$

(3) $y = Ce^x + e^{-x}$ (4) $y = \dfrac{1}{x + C}$

2. 次の曲線群の微分方程式を求めよ．

(1) $y = C_1 \cos x + C_2$ (2) $C_1 x^2 + C_2 y^2 = 1$

(3) $y = C_1 e^x + C_2 x e^{-x}$ (4) $y = \dfrac{C_2}{C_1 x + 1}$

3. 次の曲線群の微分方程式を求めよ．

(1) 点 $(1, 1)$ を通る直線全体

(2) 放物線 $y = x^2$ の接線全体

(3) x 軸上に中心があり，原点を通る円全体

(4) 単位円全体

2

求 積 法

　この章では，求積法によって解くことができる微分方程式をいくつか紹介する．**求積法**は文字どおり不定積分または定積分を有限回用いて解を求める方法である．当然，不定積分が初等関数の形に表せないものは，解の中に積分が残ってしまうことになる．また，なかには積分が苦手という読者もいるかもしれない．できれば微積分の不定積分のところを復習してから取り組んでもらいたいが，ここでは積分の計算よりも解き方の理解に重点をおいてもらいたい．

2.1　積分の復習

　本書のなかで，
$$\int f(x)\,dx$$
は「$f(x)$ の**原始関数の一つ**」を表すことにして積分定数は含まないものとする．とりあえず，積分の公式を次頁の表 2.1 にいくつか記載しておくので参照してほしい．

　1 階正規形の微分方程式で
$$y' = f(x), \quad \text{または} \quad \frac{dy}{dx} = f(x)$$
の形のものは，両辺を x で不定積分するだけで求まり，
$$y = \int f(x)\,dx + C$$
が一般解となる．ただし，C は積分定数である．一般に $y^{(n)} = f(x)$ の形のものは n 回連続して不定積分すればよい．

表 2.1　積分の基本公式

$$\int x^\alpha \, dx = \frac{x^{\alpha+1}}{\alpha+1} \ (\alpha \neq -1), \qquad \int \frac{1}{x} \, dx = \log|x|$$

$$\int \sin x \, dx = -\cos x, \qquad \int \cos x \, dx = \sin x$$

$$\int e^x \, dx = e^x, \qquad \int \frac{1}{\cos^2 x} \, dx = \tan x$$

$$\int \frac{1}{\sqrt{a^2 - x^2}} \, dx = \sin^{-1} \frac{x}{a} \ (a > 0), \qquad \int \frac{1}{x^2 + a^2} \, dx = \frac{1}{a} \tan^{-1} \frac{x}{a} \ (a \neq 0)$$

$$\int \frac{1}{x^2 - a^2} \, dx = \frac{1}{2a} \log \left| \frac{x-a}{x+a} \right| \ (a \neq 0), \qquad \int \tan x \, dx = -\log|\cos x|$$

$$\int \cos^2 x \, dx = \frac{2x + \sin 2x}{4}, \qquad \int \sin^2 x \, dx = \frac{2x - \sin 2x}{4}$$

$$\int \frac{f'(x)}{f(x)} \, dx = \log|f(x)|, \qquad \int x e^x \, dx = (x-1)e^x$$

$$\int \sqrt{x^2 + a^2} \, dx = \frac{1}{2} \left(x\sqrt{x^2 + a^2} + a^2 \log|x + \sqrt{x^2 + a^2}| \right)$$

$$\int \sqrt{a^2 - x^2} \, dx = \frac{1}{2} \left(x\sqrt{a^2 - x^2} + a^2 \sin^{-1} \frac{x}{a} \right) \ (a > 0)$$

$$\int \frac{1}{\sqrt{x^2 + \alpha}} \, dx = \log \left(x + \sqrt{x^2 + \alpha} \right)$$

$$\int e^{ax} \sin bx \, dx = \frac{1}{a^2 + b^2} e^{ax} (a \sin bx - b \cos bx)$$

$$\int e^{ax} \cos bx \, dx = \frac{1}{a^2 + b^2} e^{ax} (b \sin bx + a \cos bx)$$

部分積分： $F'(x) = f(x)$ ならば
$$\int f(x)g(x) \, dx = F(x)g(x) - \int F(x)g'(x) \, dx$$

置換積分： $F'(x) = f(x)$ ならば
$$\int f(g(x)) \, g'(x) \, dx = F(g(x))$$

2.2 変数分離形

★ **例題 2.1** 次の微分方程式を解け.
$$y' = 2x + 1$$

［解］ 両辺を x で不定積分すると
$$y = \int (2x+1)\,dx + C = x^2 + x + C \tag{2.1}$$
が一般解である. ∎

♦**MEMO** 不定積分について，式 (2.1) で不定積分の本来の書き方なら
$$(\text{左辺}) = \int y'\,dx = y + C_1,$$
$$(\text{右辺}) = \int (2x+1)\,dx = x^2 + x + C_2$$
(C_1, C_2 は積分定数) とするところだが，$y = x^2 + x + C_2 - C_1$ より $C = C_2 - C_1$ とおくと結果として同じになる．したがって，不定積分のなかに積分定数を含めずに「**式全体で 1 つ**」としておけばよいことになる．また，積分するときに積分定数を忘れないように，本書では積分記号を書くときに "$+C$" と書くことにする．

▶ **問題 2.1** 次の微分方程式を解け.

(1) $y' = 2x$ (2) $y' = e^x$ (3) $y' = \cos x$ (4) $y' = \dfrac{1}{x}$

(5) $y' = (2x-1)^5$ (6) $y' = 2x(x^2+1)^9$ (7) $y' = xe^x$ (8) $y'' = x$

2.2 変数分離形

1 階正規形の微分方程式で
$$y' = f(x) \times g(y), \quad \text{または} \quad \frac{dy}{dx} = f(x) \times g(y)$$
の形のものを**変数分離形**の微分方程式という．ここで，$f(x)$ は x だけの式 (y と y' のない式といったほうがよいかもしれない)，$g(y)$ は y だけの式で，右辺が**かけ算で分離**されている．この場合は，両辺を $g(y)$ で割って x で不定積分すれば，次の一般解が得られる．
$$\int \frac{1}{g(y)}\,dy = \int f(x)\,dx + C$$
ただし，C は任意定数である．

★ **例題 2.2** 次の微分方程式を解け．
$$y' = 2x(y+1)$$

［解］これは変数分離形である．よって
$$\int \frac{1}{y+1}\,dy = \int 2x\,dx + C. \quad \therefore \log|y+1| = x^2 + C$$
したがって，
$$|y+1| = e^{x^2+C} = e^C \cdot e^{x^2}$$
であり，絶対値をはずして，
$$y + 1 = \pm e^C e^{x^2}$$
である．ここで $\pm e^C$ をあらためて C とおき直すと
$$y = -1 + Ce^{x^2},$$
これが一般解である． ∎

♦**MEMO** 例題 2.2 が例題 2.1 と似ているからといって
$$y = \int 2x(y+1)\,dx + C$$
としてはいけない．

♦**MEMO** 例題 2.2 でみたように，「$\pm e^C$ をあらためて C とおき直す」という任意定数の書き換えで一般解が簡潔な形になった．このような作業は非常に重要であり，今後よくでてくるので，慣れるとともに身に付けてもらいたい．

★ **例題 2.3** 次の微分方程式を初期条件 $y(0) = 0$ のもとで解け．
$$y' = y^2 - 1$$

［解］この式を $y' = 1 \times (y^2 - 1)$ とみれば変数分離形である．よって
$$\int \frac{1}{y^2 - 1}\,dy = \int dx + C \tag{2.2}$$
より，積分の公式を用いれば，
$$\frac{1}{2} \log \left| \frac{y-1}{y+1} \right| = x + C$$

2.2 変数分離形

となる．よって

$$\left|\frac{y-1}{y+1}\right| = e^{2x+2C} \quad \text{だから} \quad \frac{y-1}{y+1} = \pm e^{2C} e^{2x}$$

である．ここで $\pm e^{2C}$ をあらためて C とおき直すと

$$\frac{y-1}{y+1} = Ce^{2x}. \qquad \therefore y = \frac{Ce^{2x}+1}{-Ce^{2x}+1}, \tag{2.3}$$

これが一般解である．ここで，初期条件「$x=0, y=0$」を代入すると $C=-1$ となる．式 (2.3) の一般解に代入して

$$y = \frac{1-e^{2x}}{1+e^{2x}},$$

これが求める解である． ∎

♦**MEMO**　一般に，n 階の微分方程式に対して，独立変数 x のある値 $x=a$ における $n-1$ 階までの導関数の値 $y(a), y'(a), \cdots, y^{(n-1)}(a)$ を指定する条件を**初期条件**という．例題 2.3 のように，初期条件をみたす解を求める問題を**初期値問題**という．基本的に初期値問題は一般解のなかから条件をみたす解をみつければよい．

♦**MEMO**　例題 2.3 の微分方程式で，初期条件 $y(0)=-1$ をみたすような C はないが，関数 $y=-1$ は初期条件をみたす解になっている．これは，式 (2.2) において，分母が 0, すなわち $y^2-1=0$ となる場合が除かれているためで，このとき $y=1$ と $y=-1$ の 2 つはどちらも $y'=y^2-1$ をみたすから解になっている．$y=1$ は一般解に $C=0$ を代入したものにほかならないから**特殊解**であり，$y=-1$ は一般解の C にどのような値を入れても表すことができないから**特異解**である．したがって，初期条件 $y(0)=-1$ のもとでは特異解を考えなければならないのである．特異解については 2.10 節「クレロー方程式」の **MEMO** もみてほしい．

♦**MEMO**　式 (2.3) で $\frac{y-1}{y+1} = Ce^{2x}$ を $y = \cdots$ の形にする場合に，$ad-bc \neq 0$ のとき

$$A = \frac{aB+b}{cB+d} \quad \Longleftrightarrow \quad B = \frac{dA-b}{-cA+a}$$

という関係は，逆行列との関係で覚えやすく，知っておくと便利である．

▶ **問題 2.2**　次の微分方程式を解け．
 (1) $y' = 2x(y-1)$　　(2) $y' = \dfrac{y}{x}$　　(3) $y' = x(y^2-1)$
 (4) $y' = -y$　　(5) $y' = \dfrac{x}{y}$　　(6) $y' = y^2+4$

▶ **問題 2.3**　次の初期値問題の解を求めよ．
 (1) $y' = 3x^2(1+y^2)$　　$(x=0, y=0)$
 (2) $\sqrt{x}\, y' = \sqrt{y+2}$　　$(x=0, y=2)$

2.3 同次形

1階正規形の微分方程式で

$$y' = f\left(\frac{y}{x}\right), \quad \text{または} \quad \frac{dy}{dx} = f\left(\frac{y}{x}\right)$$

の形のものを**同次形**の微分方程式という．このとき，右辺の $f(y/x)$ は $u = y/x$ とおき換えると u だけの式になる．ここで $y = xu$ なので，両辺を x で微分すると $y' = u + x\dfrac{du}{dx}$ となるから

$$u + x\frac{du}{dx} = f(u). \qquad \therefore \quad \frac{du}{dx} = \big(f(u) - u\big) \times \left(\frac{1}{x}\right)$$

より変数分離形になる．

★ 例題 2.4 次の微分方程式を解け．
$$y' = \frac{x - 2y}{2x + y}$$

［解］ 右辺の分母，分子を x で割ると，与式は

$$y' = \frac{1 - 2(\frac{y}{x})}{2 + (\frac{y}{x})}$$

より，同次形である．$u = \dfrac{y}{x}$ とおくと，$y' = u + x\dfrac{du}{dx}$ より

$$u + x\frac{du}{dx} = \frac{1 - 2u}{2 + u}. \qquad \therefore \quad \frac{du}{dx} = \left(\frac{u^2 + 4u - 1}{2 + u}\right) \times \left(-\frac{1}{x}\right)$$

だから変数分離形である．よって

$$\int \frac{u + 2}{u^2 + 4u - 1} \, du = -\int \frac{1}{x} \, dx + C$$

だから，

$$\frac{1}{2} \log|u^2 + 4u - 1| = -\log|x| + C.$$

$$\therefore \quad u^2 + 4u - 1 = \pm e^{2C} x^{-2}$$

ここで $\pm e^{2C}$ をあらためて C とおき直し，u を消去して

$$y^2 + 4xy - x^2 = C,$$

これが一般解である． ∎

▶ **問題 2.4** 次の微分方程式を解け．
(1) $xy' = 2x + y$　　(2) $x^2 y' = (x-y)y$　　(3) $3xy^2 y' = x^3 + y^3$

▶ **問題 2.5** 次の初期値問題の解を求めよ．
(1) $xyy' = x^2 + 2y^2$　　　　（$x=1, y=0$）
(2) $(x-5y)y' = 5x - y$　　　（$x=1, y=1$）

2.4 変数変換

ここでは，簡単な変数変換で変数分離形や同次形に変えられる場合を 2 つみてみよう．

(A) a, b, c を定数として（ただし，$b \neq 0$），

$$y' = f(ax+by+c), \quad \text{または} \quad \frac{dy}{dx} = f(ax+by+c)$$

の形の微分方程式は，$u = ax + by + c$ とおくと

$$u' = a + bf(u), \quad \text{または} \quad \frac{du}{dx} = a + bf(u)$$

となり変数分離形になる．当然，$f(ax+by+c)$ はこのおき換えで u だけの式になっている．

(B) a, b, c, d, p, q を定数として（ただし，$ad - bc \neq 0$），

$$y' = f\left(\frac{ax+by+p}{cx+dy+q}\right), \quad \text{または} \quad \frac{dy}{dx} = f\left(\frac{ax+by+p}{cx+dy+q}\right)$$

の形の微分方程式は，連立 1 次方程式

$$\begin{cases} ax + by + p = 0 \\ cx + dy + q = 0 \end{cases} \tag{2.4}$$

の解を $x = \alpha, y = \beta$ として $x = X + \alpha, y = Y + \beta$ とおき換えると

$$\frac{dx}{dX} = 1, \quad \frac{dy}{dY} = 1$$

だから

$$y' = \frac{dy}{dx} = \frac{ax+by+p}{cx+dy+q} = \frac{dY}{dX} = \frac{aX+bY}{cX+dY}$$

となり，同次形になる．

♦**MEMO**　$ad - bc = 0$ の場合は連立方程式 (2.4) が解なし（もしくは不定）になる．しかし，この場合は変数変換 (A) で解くことができる．

★ **例題 2.5** 次の微分方程式を解け.
$$y' = (x+y-1)^2$$

［解］ $u = x+y-1$ とおくと，$u' = 1+y'$ より
$$u' = 1+u^2 = 1\times(1+u^2)$$
だから変数分離形となる．よって
$$\int \frac{1}{1+u^2}\,du = \int dx + C. \qquad \therefore \tan^{-1}u = x+C$$
よって $u = \tan(x+C)$ だから，u をもとに戻して
$$y = 1-x+\tan(x+C),$$
これが一般解となる． ∎

★ **例題 2.6** 次の微分方程式を解け.
$$y' = \frac{x-2y+1}{2x+y-3}$$

［解］ 連立 1 次方程式
$$\begin{cases} x-2y+1 = 0 \\ 2x+y-3 = 0 \end{cases}$$
を解くと，$x=1$, $y=1$ である．よって $x = X+1$, $y = Y+1$ とおくと
$$y' = \frac{dy}{dx} = \frac{x-2y+1}{2x+y-3} = \frac{dY}{dX} = \frac{X-2Y}{2X+Y}$$
となり同次形になる．例題 2.4 により
$$Y^2 + 4XY - X^2 = C$$
が一般解だから X, Y を消去して，$C-4$ をあらためて C とおき直すと
$$y^2 + 4xy - x^2 - 2x - 6y = C,$$
これが一般解である． ∎

★ 例題 2.7　次の微分方程式を解け.
$$y' = \frac{x - 2y + 1}{2x - 4y + 3}$$

［解］　$u = x - 2y$ とおくと，$u' = 1 - 2y'$ より
$$u' = 1 - 2\frac{u+1}{2u+3} = \frac{1}{2u+3}$$
だから変数分離形になる．よって
$$\int (2u+3)\, du = \int dx + C. \qquad \therefore\ u^2 + 3u = x + C$$
u をもとに戻して
$$x^2 - 4xy + 4y^2 + 2x - 6y = C,$$
これが一般解となる．　　　　　　　　　　　　　　　　　　　　■

▶ 問題 2.6　次の微分方程式を解け.

(1)　$y' = (x + y - 2)^2$　　(2)　$y' = \dfrac{x - 2y + 5}{2x - y + 4}$　　(3)　$y' = \dfrac{x + 2y + 1}{2x + 4y + 3}$

2.5　1 階線形

1 階正規形の微分方程式で
$$y' = P(x)y + Q(x), \quad \text{または} \quad \frac{dy}{dx} = P(x)y + Q(x)$$
の形のものを **1 階線形**の微分方程式という．$P(x)$, $Q(x)$ は x だけの式である．このときはまず，
$$A(x) = \int P(x)\, dx$$
を計算しておく．このとき，
$$y = e^{A(x)} \left\{ \int e^{-A(x)} Q(x)\, dx + C \right\} \tag{2.5}$$
が一般解である．

♦**MEMO**　$A(x)$ を求めるとき log がでてきても絶対値は不要である．また，恒等式 $e^{\log A} = A$ もよくでてくるので注意してほしい．また，$e^{A(x)}$ は 1 階線形微分方程式の**基本解**とよばれる．

★ 例題 2.8 次の微分方程式を解け．
$$y' = 3y + 2e^x$$

[解]　$A(x) = \displaystyle\int 3\,dx = 3x$ だから $e^{A(x)} = e^{3x}$ が基本解なので，

$$y = e^{3x}\left\{\int e^{-3x}(2e^x)\,dx + C\right\}$$
$$= e^{3x}(-e^{-2x} + C)$$
$$= -e^x + Ce^{3x},$$

これが一般解である．■

★ 例題 2.9 次の微分方程式を初期条件 $y(1) = 0$ のもとで解け．
$$y' = \frac{3y}{x} + x^2$$

[解]　$A(x) = \displaystyle\int \frac{3}{x}\,dx = 3\log x$ だから $e^{A(x)} = e^{3\log x} = e^{\log x^3} = x^3$ が基本解なので，

$$y = x^3\left\{\int x^{-3}x^2\,dx + C\right\}$$
$$= x^3(\log|x| + C).$$

ここで $x = 1$, $y = 0$ を代入すると，$C = 0$ より

$$y = x^3\log|x|,$$

これが求める解である．■

▶ 問題 2.7 次の微分方程式を解け．
 (1) $y' = \dfrac{2y}{x}$　　(2) $y' = \dfrac{y}{x} + x$　　(3) $y' = xy + 2x$
 (4) $y' = -y$　　(5) $y' - 2xy = 2x$　　(6) $(x^2+1)y' = xy + 1 + x^2$

▶ 問題 2.8 次の初期値問題の解を求めよ．
 (1) $y' = y + 2x$　　（ $x = 0$, $y = 0$ ）
 (2) $xy' + y = x^3$　　（ $x = 2$, $y = 0$ ）

2.6 ベルヌイ形

1階正規形の微分方程式で

$$y' = p(x)\,y + q(x)\,y^k, \quad \text{または} \quad \frac{dy}{dx} = p(x)\,y + q(x)\,y^k$$

の形のものを**ベルヌイ形**の微分方程式という．$k=0$ のとき前節で説明した1階線形であり，$k=1$ のときは変数分離形なので，それ以外の場合を考えることになる．

このとき，$u = y^{1-k}$ とおけば，

$$u' = \frac{du}{dx} = \frac{du}{dy}\cdot\frac{dy}{dx} = (1-k)y^{-k}y'$$

なので，もとの式に $(1-k)y^{-k}$ をかければ

$$u' = (1-k)p(x)u + (1-k)q(x)$$

となり1階線形に変わるので，これを解けばよい．

★ **例題 2.10** 次の微分方程式を解け．
$$y' = -\frac{3y}{x} - x^2 y^2$$

［解］ 与式は $k=2$ の場合のベルヌイ形だから $u = y^{1-2} = y^{-1}$ とおけば，

$$\frac{du}{dx} = -y^{-2}y'$$

なので

$$\frac{du}{dx} = \frac{3u}{x} + x^2$$

となり1階線形になる．例題 2.9 より $u = x^3(\log|x| + C)$ なので

$$y = \frac{1}{x^3(\log|x| + C)},$$

これが一般解である． ∎

▶ **問題 2.9** 次の微分方程式を解け．
 (1) $xy' = y - y^2$
 (2) $2xy' + 2y = -x^3 y^3$
 (3) $xy' = 4y + 2x^2\sqrt{y}$

2.7 完全微分形

1 階正規形の微分方程式 $y' = \dfrac{dy}{dx} = -\dfrac{P(x,y)}{Q(x,y)}$ を

$$P(x,y)\,dx + Q(x,y)\,dy = 0$$

と変形して考える．ここで $P(x,y)$, $Q(x,y)$ は $x,\,y$ の関数 (2 変数関数) である．このとき，左辺の $P(x,y)\,dx + Q(x,y)\,dy$ がある 2 変数関数 $z = f(x,y)$ の全微分

$$dz = f_x\,dx + f_y\,dy = \frac{\partial z}{\partial x}\,dx + \frac{\partial z}{\partial y}\,dy$$

に対して $P(x,y) = f_x$, $Q(x,y) = f_y$ となっているとき，**完全微分形**の微分方程式であるという．ここで $f_x = \dfrac{\partial z}{\partial x}$, $f_y = \dfrac{\partial z}{\partial y}$ は f の**偏導関数**である．このとき，$dz = 0$ なので

$$f(x,y) = C$$

が一般解となる．

★ **例題 2.11** 次の微分方程式を解け．

$$y\,dx + x\,dy = 0$$

［解］2 変数関数 $z = xy$ の全微分は $dz = y\,dx + x\,dy$ なので，与式は完全微分形である．よって

$$xy = C$$

が一般解である． ∎

微分方程式 $P\,dx + Q\,dy = 0$ が完全微分形になるためには

$$P_y = \frac{\partial P}{\partial y} = \frac{\partial Q}{\partial x} = Q_x$$

が成り立つことが必要十分条件になることが知られている．このとき，

$$f_x = P, \qquad f_y = Q$$

となる 2 変数関数 $f(x,y)$ を求めればよい．

2.7 完全微分形

★ **例題 2.12**　次の微分方程式を解け．
$$(3x^2 + 2y)\,dx + (2x + 3y^2)\,dy = 0$$

［解］　$P = 3x^2 + 2y$, $Q = 2x + 3y^2$ とおくと，$P_y = 2$, $Q_x = 2$ なので完全微分形である．このとき，

$$f_x = 3x^2 + 2y, \qquad f_y = 2x + 3y^2 \tag{2.6}$$

となる f を求めればよい．式 (2.6) の 1 番目の式を「x で偏微分」の逆の計算をして

$$f(x, y) = \int (3x^2 + 2y)\,dx + C(y)$$
$$= x^3 + 2xy + C(y)$$

ここで，$C(y)$ は y だけの式で，当然 x で偏微分すると 0 になる．これを式 (2.6) の 2 番目の式に代入して

$$\frac{\partial}{\partial y}(x^3 + 2xy + C(y)) = 2x + C'(y) = 2x + 3y^2.$$

ここで $C'(y) = 3y^2$ より $C(y) = y^3$ だから (積分定数は 0 でよい)

$$f(x, y) = x^3 + 2xy + y^3$$

となる．よって

$$x^3 + 2xy + y^3 = C$$

が一般解である．　■

♦**MEMO**　同じ積分記号を用いているが，「x で不定積分」と「x で偏微分の逆の計算」とはまったく異なるので注意が必要である．例題 2.2 の **MEMO** と比較してほしい．

♦**MEMO**　完全微分形 $P(x,y)\,dx + Q(x,y)\,dy = 0$ で初期条件 $x = a$, $y = b$ をみたす解は

$$\int_a^x P(t, y)\,dt + \int_b^y Q(a, t)\,dt = 0 \tag{2.7}$$

となることが知られている．

★ 例題 **2.13** 次の微分方程式を初期条件 $x=0$, $y=1$ のもとで解け.
$$(2x+3y+4)\,dx+(3x+4y+5)\,dy=0$$

［解］ $P=2x+3y+4$, $Q=3x+4y+5$ とおくと, $P_y=3$, $Q_x=3$ なので完全微分形である. 式 (2.7) より

$$\int_0^x P(t,y)\,dt + \int_1^y Q(0,t)\,dt$$
$$= \int_0^x (2t+3y+4)\,dt + \int_1^y (4t+5)\,dt$$
$$= \left[t^2+3yt+4t\right]_0^x + \left[2t^2+5t\right]_1^y = 0.$$

よって
$$x^2+3xy+4x+2y^2+5y-7=0$$

が求める解である. ■

▶ 問題 **2.10** 次の微分方程式を解け.
  (1) $2x(2x^2+y^2)\,dx+(2x^2y+y^2)\,dy=0$
  (2) $e^y\,dx+(xe^y+3y^2)\,dy=0$
  (3) $(\sin y+y\sin x)\,dx+(x\cos y-\cos x)\,dy=0$
  (4) $(2x+ye^{xy})\,dx+(\cos y+xe^{xy})\,dy=0$
  (5) $(x^2+2xy)\,dx+(x^2-y^2)\,dy=0$

▶ 問題 **2.11** 次の初期値問題の解を求めよ.
  (1) $(3x^2+y)\,dx+(x+2y)\,dy=0$　　　（ $x=0$, $y=1$ ）
  (2) $(2x-y\sin x)\,dx+\cos x\,dy=0$　　　（ $x=0$, $y=1$ ）

2.8 積 分 因 子

1階の微分方程式
$$P(x,y)\,dx + Q(x,y)\,dy = 0$$
が完全微分形でなくても，よく知られた関数の**全微分**を用いると完全微分形に変形できることがある．以下の表 2.2 に公式をいくつかあげておく．

表 2.2　よく知られた全微分

(1)	$dx = 1 \cdot dx$	(2)	$dy = 1 \cdot dy$
(3)	$dF(x) = F'(x)\,dx$	(4)	$dF(y) = F'(y)\,dy$
(5)	$d\left(\dfrac{x^2+y^2}{2}\right) = x\,dx + y\,dy$	(6)	$d(xy) = y\,dx + x\,dy$
(7)	$d\left(\dfrac{y}{x}\right) = -\dfrac{y\,dx - x\,dy}{x^2}$	(8)	$d\left(\dfrac{x}{y}\right) = \dfrac{y\,dx - x\,dy}{y^2}$
(9)	$d\left(\log\left|\dfrac{y}{x}\right|\right) = -\dfrac{y\,dx - x\,dy}{xy}$	(10)	$d\left(\dfrac{1}{xy}\right) = -\dfrac{y\,dx + x\,dy}{(xy)^2}$
(11)	$d\left(\tan^{-1}\dfrac{y}{x}\right) = -\dfrac{y\,dx - x\,dy}{x^2+y^2}$	(12)	$d(F+G) = dF + dG$

★ **例題 2.14**　次の微分方程式を解け．
$$-y\,dx + x\,dy = 0$$

［解］ $P = -y$, $Q = x$ とおくと，
$$P_y = -1, \qquad Q_x = 1$$
なので完全微分形ではない．しかし，全微分の公式 (7) を使えば
$$-y\,dx + x\,dy = 0 = \frac{-y\,dx + x\,dy}{x^2} = d\left(\frac{y}{x}\right)$$
だから
$$\frac{y}{x} = C. \qquad \therefore\ y = Cx$$
が一般解となる．　■

★ **例題 2.15** 次の微分方程式を解け.
$$(2x^2y - y)\,dx + (xy + x)\,dy = 0$$

［解］ $P = 2x^2y - y$, $Q = xy + x$ とおくと,
$$P_y = 2x^2 - 1, \qquad Q_x = y + 1$$
なので完全微分形ではない. しかし, $-y\,dx + x\,dy$ の部分に注目すると, 全微分の公式 (9) が使えるのがわかる. 与式を xy で割れば
$$2x\,dx + dy + d\left(\frac{-y\,dx + x\,dy}{xy}\right) = 0$$
だから, 公式 (2), (3), (9), (12) より
$$d(x^2) + dy + d\left(\log\left|\frac{y}{x}\right|\right) = d\left(x^2 + y + \log\left|\frac{y}{x}\right|\right) = 0$$
であるから,
$$x^2 + y + \log\left|\frac{y}{x}\right| = C$$
が一般解となる. ∎

一般に
$$P(x,y)\,dx + Q(x,y)\,dy = 0$$
は完全微分形ではないが, 関数 $M(x,y)$ を両辺にかけて,
$$M(x,y)P(x,y)\,dx + M(x,y)Q(x,y)\,dy = 0$$
が完全微分形になるとき, この $M(x,y)$ を**積分因子**という. 例題 2.14 では $\dfrac{1}{x^2}$ が, 例題 2.15 では $\dfrac{1}{xy}$ が積分因子ということになる. 積分因子を求める一般的な方法は知られていないが,

(i) $\dfrac{P_y - Q_x}{Q} = f(x)$ が x だけの関数ならば $e^{\int f(x)dx}$ が積分因子.

(ii) $\dfrac{P_y - Q_x}{P} = f(y)$ が y だけの関数ならば $e^{-\int f(y)dy}$ が積分因子.

となることはわかっている. ただし, (i), (ii) において積分定数は不要である.

2.8 積分因子

★ **例題 2.16** 次の微分方程式を解け.
$$(4x^2 + 2y^2 + 3x)\,dx + 2xy\,dy = 0$$

［解］ $P = 4x^2 + 2y^2 + 3x$, $Q = 2xy$ とおくと,
$$P_y = 4y, \qquad Q_x = 2y$$
なので完全微分形ではない. しかし,
$$\frac{P_y - Q_x}{Q} = \frac{4y - 2y}{2xy} = \frac{1}{x}$$
が x だけの関数になるから $e^{\int \frac{1}{x} dx} = e^{\log x} = x$ が積分因子になる. よって x を両辺にかけた
$$(4x^3 + 2xy^2 + 3x^2)\,dx + 2x^2y\,dy = 0$$
は完全微分形となる. よって
$$f_x = 4x^3 + 2xy^2 + 3x^2, \qquad f_y = 2x^2 y$$
となる f を求めればよい. 1番目の式を「x で偏微分」の逆の計算をして
$$f(x, y) = \int (4x^3 + 2xy^2 + 3x^2)\,dx + C(y)$$
$$= x^4 + x^2 y^2 + x^3 + C(y).$$
これを 2 番目の式に代入して
$$\frac{\partial}{\partial y}(x^4 + x^2 y^2 + x^3 + C(y)) = 2x^2 y + C'(y) = 2x^2 y.$$
$C'(y) = 0$ より $C(y) = 0$ (積分定数は 0) だから
$$x^4 + x^2 y^2 + x^3 = C$$
が一般解である. ∎

▶ **問題 2.12** 次の微分方程式を, 全微分の公式を使って解け.
 (1) $(xy - y)\,dx + (x - 2xy)\,dy = 0$
 (2) $(x^5 + x^3 y^2 - y)\,dx + x\,dy = 0$

▶ **問題 2.13** 次の微分方程式を積分因子を求めて解け.
 (1) $y\,dx + (y^3 - x)\,dy = 0$
 (2) $(x^2 y + 2xy + y^3)\,dx + (x^2 + 3y^2)\,dy = 0$

2.9 1階高次形

$$y' = \frac{dy}{dx} = p$$

とおく．このとき p についての n 次方程式となる非正規形の微分方程式

$$p^n + P_1(x,y)\,p^{n-1} + P_2(x,y)\,p^{n-2} + \cdots + P_{n-1}(x,y)\,p + P_n(x,y) = 0$$

を **1 階 n 次**の微分方程式という．もしこの式が因数分解でき，

$$\bigl(p - Q_1(x,y)\bigr)(p - Q_2(x,y)) \cdots (p - Q_n(x,y)) = 0$$

となるとき，n 個の正規形の微分方程式

$$p = y' = Q_i(x,y) \qquad (i = 1, 2, \cdots, n)$$

の一般解 $f_i(x, y, C) = 0$ を用いて，それらの積

$$f_1(x, y, C)\, f_2(x, y, C) \cdots f_n(x, y, C) = 0$$

が一般解となる．

★ **例題 2.17** 次の微分方程式を解け．
$$xy(y')^2 + (x^2 + xy + y^2)\,y' + x^2 + xy = 0$$

［解］ 与式は 1 階 2 次であり，因数分解すると

$$(xy' + x + y)(yy' + x) = 0$$

である．$xy' + x + y = 0$ は 1 階線形，$yy' + x = 0$ は変数分離形で，それぞれの解は計算すると

$$y = -\frac{x}{2} + \frac{C}{x}, \qquad x^2 + y^2 = C$$

であるから，

$$\left(y + \frac{x}{2} - \frac{C}{x}\right)(x^2 + y^2 - C) = 0$$

が一般解である． ■

2.9 1階高次形

★ **例題 2.18** 次の微分方程式を解け (ただし, a, b は定数).
$$(y')^2 + a^2 y^2 - b^2 = 0$$

［解］ 与式は1階2次であり，因数分解すると
$$(y' + \sqrt{b^2 - a^2 y^2})(y' - \sqrt{b^2 - a^2 y^2}) = 0$$
である．それぞれは変数分離形で
$$y' = \pm\sqrt{b^2 - a^2 y^2} \cdot 1$$
であるから
$$\pm \int \frac{1}{\sqrt{b^2 - a^2 y^2}}\, dy = \int dx + C.$$
$$\therefore \frac{1}{a} \sin^{-1}\left(\frac{ay}{b}\right) = \pm(x + C)$$
よって，aC をあらためて C でおき直すと
$$y = \pm \frac{b}{a} \sin(ax + C),$$
これが一般解である． ■

♦**MEMO** 解をまとめて
$$y^2 = \frac{b^2}{a^2} \sin^2(ax + C)$$
と書いてもよいがわかりにくい．なお，式変形で sin が奇関数である性質
$$\sin(\pm x) = \pm \sin x \quad (複号同順)$$
を用いた．

▶ **問題 2.14** 次の微分方程式を解け．
(1) $(y')^2 - y^2 = 0$
(2) $(y')^2 - (2x + y)y' + 2xy = 0$

2.10 クレロー方程式

非正規形の微分方程式で，
$$y = xy' + f(y')$$
の形のものを**クレローの微分方程式**といって，一般解は
$$y = Cx + f(C)$$
によって与えられる．ここで，C は任意定数である．

一般に，1階高次微分方程式のなかで y について解ける形，すなわち
$$y = f(x, y') \quad (\text{ただし，} f は 2 変数関数とする)$$
の形は，$y' = p$ とおき，$y = f(x, p)$ の両辺を x で微分すると，合成関数の微分法により
$$y' = p = \frac{\partial f}{\partial x} + \frac{\partial f}{\partial p} \cdot \frac{dp}{dx}$$
となり，$x, p, \dfrac{dp}{dx}$ の1階正規形の微分方程式になる．このとき，この微分方程式の一般解 $F(x, p, C) = 0$ (C は任意定数) と $y = f(x, p)$ をあわせて，媒介変数 p を用いて表した一般解が得られる．

◆**MEMO** これらの形の微分方程式は**特異解**をもつことが多い．特異解は，$y' = p$ とおき，与えられた微分方程式を $f(x, y, p) = 0$ とおくと，f を p で偏微分した式 $f_p(x, y, p) = 0$ もみたすことが知られている．よって特異解は，この2つの式から p を消去した「x, y の関係式」のなかから探せばよいことになる．すなわち，特異解の解曲線は一般解の曲線群の**包絡線**になっている．よって，特殊解の解曲線と特異解の解曲線を接点でつなげてできる曲線も微分方程式の解の一つを表す．

★ **例題 2.19** 次の微分方程式の一般解と特異解を求めよ．
$$y = xy' + 2(y')^2$$

［解］ これはクレロー方程式だから
$$y = Cx + 2C^2$$
が一般解である．さらに，$y' = p$ とおき，$f(x, y, p) = 2p^2 + xp - y = 0$ と $f_p(x, y, p) = 4p + x = 0$ の間で p を消去すると
$$y = -\frac{x^2}{8}$$

2.10 クレロー方程式

であり，これは微分方程式を満足するので特異解である． ■

★ **例題 2.20** 次の微分方程式の一般解と特異解を求めよ．
$$y = 2xy' + x^2(y')^4$$

[解] $y' = p$ とおき $y = 2xp + x^2p^4$ の両辺を x で微分すると
$$p = 2x\frac{dp}{dx} + 2p + 2xp^4 + 4x^2p^3\frac{dp}{dx}. \quad \therefore \frac{dp}{dx} = -\frac{p}{2x}$$
であり，変数分離形になる．
$$\int \frac{2}{p}\,dp = -\int \frac{1}{x}\,dx + C. \quad \therefore 2\log|p| = -\log|x| + C$$
より，$\pm e^C$ をあらためて C でおき直すと
$$xp^2 = C$$
となる．$y = 2xp + x^2p^4$ だから
$$x = \frac{C}{p^2}, \qquad y = \frac{2C}{p} + C^2$$
が媒介変数 p を用いて表した一般解となる．さらに，$2xp = x^2p^4 - y$ の両辺を 2 乗して p を消去すると
$$(y - C^2)^2 = 4Cx,$$
これが一般解である．次に，$f(x,y,p) = 2xp + x^2p^4 - y = 0$ と $f_p(x,y,p) = 4x^2p^3 + 2x = 0$ の間で p を消去すると，$4f - pf_p = 6xp - 4y = 0$ より
$$27x^2 + 16y^3 = 0$$
であり，これは微分方程式を満足するので特異解である． ■

♦**MEMO** 特異解を求める場合，$f(x,y,p) = 0$ が p の n 次方程式ならば
$$nf(x,y,p) - pf_p(x,y,p) = 0$$
を用いると計算しやすい．

♦**MEMO** $x = f(y,p)$ の形の微分方程式の場合，x と y の文字を入れ換えれば $y = f(x, 1/p)$ の形となり，同様にして解ける．

▶ **問題 2.15** 次の微分方程式の一般解と特異解を求めよ．
  (1) $y = xy' + (y')^3$ (2) $y = xy' - \log y'$ (3) $y = -xy' + x^4(y')^2$

2.11 2階で y を含まない場合

2階の微分方程式は x, y, y', y'' を用いて書かれているが，見かけ上 y を含まない場合，$y' = \dfrac{dy}{dx} = p$ とおくと

$$y'' = p' = \frac{dp}{dx}$$

だから1階の微分方程式になる．そして最後にもう一度 x で不定積分すれば一般解が求められる．

★ 例題 **2.21** 次の微分方程式を解け．
$$xy'' + y' - x = 0$$

[解] $y' = p$ とおくと $y'' = p'$ だから，

$$\frac{dp}{dx} = -\frac{p}{x} + 1$$

となり1階線形になる．ここで

$$\int \left(-\frac{1}{x}\right) dx = -\log x$$

だから，$e^{-\log x} = x^{-1} = \dfrac{1}{x}$ となる．よって，2.5節の公式を使えば

$$p = \frac{1}{x}\left\{\int x \cdot 1 \, dx + C\right\} = \frac{x}{2} + \frac{C}{x}$$

だから，もう一度 x で不定積分して

$$y = \frac{x^2}{4} + C_1 \log|x| + C_2$$

が一般解となる．(積分定数が2つでてくるので，C を C_1 でおき直した.) ∎

▶ 問題 **2.16** 次の微分方程式を解け．

(1) $y'' = y' - 2$

(2) $xy'' + y' = 1$

(3) $y'' + (y')^2 = 0$

2.12 2階で x を含まない場合

2階の微分方程式は x, y, y', y'' を用いて書かれているが，見かけ上 x を含まない場合，$y' = \dfrac{dy}{dx} = p$ とおくと

$$y'' = \frac{dy'}{dx} = \frac{dp}{dy} \cdot \frac{dy}{dx} = p\frac{dp}{dy}$$

だから y, p, $\dfrac{dp}{dy}$ の式となり，y を独立変数として1階の微分方程式になり，その解も p をもとに戻すと1階の微分方程式になる．

★ **例題 2.22** 次の微分方程式を解け（ただし，$k > 0$ は定数）．
$$y'' + k^2 y = 0$$

[解] $y' = p$ とおくと $y'' = p\dfrac{dp}{dy}$ だから，

$$p\frac{dp}{dy} = -k^2 y$$

となり変数分離形である．したがって

$$\int p\,dp = -\int k^2 y\,dy + C. \qquad \therefore\ p^2 = -k^2 y^2 + 2C$$

だから，p を y' に戻せば

$$(y')^2 + k^2 y^2 - 2C = (y' + \sqrt{2C - k^2 y^2})(y' - \sqrt{2C - k^2 y^2}) = 0$$

となり1階2次である．ここで $C \leqq 0$ ならば，ルートの中が負になるので $C > 0$ でなければならない．そこで $2C = (C_1)^2$ とおき直すと，

$$(y')^2 + k^2 y^2 - (C_1)^2 = 0.$$

例題 2.18 の結果から，（新しくでてきた定数は C_2）

$$y = \pm \frac{C_1}{k} \sin(kx + C_2),$$

ここで，$\pm\dfrac{C_1}{k}$ をあらためて C_1 とおき直すと

$$y = C_1 \sin(kx + C_2),$$

これが一般解である．

なおこの解は，$A = C_1 \cos C_2$, $B = C_1 \sin C_2$ とおき直すと三角関数の加法定理によって

$$y = A \sin(kx) + B \cos(kx)$$

と書ける. ■

♦**MEMO** 例題 2.22 の方程式は，3.1 節で取り扱う定数係数線形微分方程式の斉次形である．

▶ **問題 2.17** $y' = p$ とおき，y を独立変数とみることにより，次の微分方程式を解け．
  (1) $(y-1)y'' + (y')^2 = 0$ (2) $y'' = y$

2.13 線形微分方程式と定数変化法

$P_1(x), P_2(x), \cdots, P_n(x), Q(x)$ を x の関数として，n 階の微分方程式

$$\frac{d^n y}{dx^n} + P_1(x) \frac{d^{n-1} y}{dx^{n-1}} + P_2(x) \frac{d^{n-2} y}{dx^{n-2}} + \cdots + P_n(x) y = Q(x) \quad (2.8)$$

を，**n 階線形微分方程式**という．特に $Q(x) = 0$ の場合，すなわち

$$\frac{d^n y}{dx^n} + P_1(x) \frac{d^{n-1} y}{dx^{n-1}} + P_2(x) \frac{d^{n-2} y}{dx^{n-2}} + \cdots + P_n(x) y = 0$$

の形を**斉次形**という．斉次形の一般解は，n 個の任意定数 $C_1, C_2, \cdots, C_n$ を用いて

$$y = C_1 f_1(x) + C_2 f_2(x) + \cdots + C_n f_n(x) \quad (2.9)$$

の形で表されることが知られている．

ここで n 個の関数 $f_1(x), f_2(x), \cdots, f_n(x)$ は**解の基本系**とよばれ，行列式

$$\begin{vmatrix} f_1(x) & f_2(x) & \cdots & f_n(x) \\ f_1'(x) & f_2'(x) & \cdots & f_n'(x) \\ \vdots & \vdots & \cdots & \vdots \\ f_1^{(n-1)}(x) & f_2^{(n-1)}(x) & \cdots & f_n^{(n-1)}(x) \end{vmatrix}$$

は恒等的に 0 でない．この行列式は**ロンスキアン**とよばれる．

式 (2.8) の一般解を求めることは一般的に容易ではないが，解の基本系がすべてわかっている場合，次のように求めることができる．

2.13 線形微分方程式と定数変化法

式 (2.9) において，定数 $C_1, C_2, \cdots$ を関数 $L_1(x), L_2(x), \cdots$ にとり換えて

$$y = L_1(x) f_1(x) + L_2(x) f_2(x) + \cdots + L_n(x) f_n(x) \qquad (2.10)$$

とおく．$L_1'(x), L_2'(x), \cdots$ を

$$\begin{pmatrix} f_1(x) & f_2(x) & \cdots & f_n(x) \\ f_1'(x) & f_2'(x) & \cdots & f_n'(x) \\ \vdots & \vdots & \cdots & \vdots \\ f_1^{(n-1)}(x) & f_2^{(n-1)}(x) & \cdots & f_n^{(n-1)}(x) \end{pmatrix} \begin{pmatrix} L_1'(x) \\ L_2'(x) \\ \vdots \\ L_n'(x) \end{pmatrix} = \begin{pmatrix} 0 \\ \vdots \\ 0 \\ Q(x) \end{pmatrix}$$

をみたすようにとり，それらを積分すれば $L_1(x), L_2(x), \cdots$ が求められ，式 (2.10) により一般解がわかる．

解の基本系 $f_1(x), f_2(x), \cdots, f_n(x)$ がわかっている場合にこのような方法でもとの微分方程式の解を求めることを**定数変化法**という．特に，2 階の場合

$$y = L_1(x) f_1(x) + L_2(x) f_2(x)$$

ならば

$$L_1'(x) = \frac{-Q(x) f_2(x)}{f_1(x) f_2'(x) - f_1'(x) f_2(x)},$$

$$L_2'(x) = \frac{Q(x) f_1(x)}{f_1(x) f_2'(x) - f_1'(x) f_2(x)}$$

となる．

★ **例題 2.23** 次の微分方程式

$$x(x+2)y'' - 2(x+1)y' + 2y = x^2(x+2)^2$$

について，$x+1$, x^2 が解の基本系であることを示し，定数変化法を用いて一般解を求めよ．

[解] $(x+1)' = 1$, $(x+1)'' = 0$, $(x^2)' = 2x$, $(x^2)'' = 2$ より $x+1$, x^2 が

$$x(x+2)y'' - 2(x+1)y' + 2y = 0$$

の解であることはただちにわかる．また

$$\begin{vmatrix} x+1 & x^2 \\ 1 & 2x \end{vmatrix} = x(x+2)$$

より，この行列式は恒等的に 0 ではないので，$x+1$, x^2 は解の基本系である．よって，定数変化法により

$$y = L_1(x) \cdot (x+1) + L_2(x) \cdot x^2$$

とおくと

$$L_1'(x) = \frac{-x(x+2)x^2}{x(x+2)} = -x^2,$$

$$L_2'(x) = \frac{x(x+2)(x+1)}{x(x+2)} = x+1$$

より x で不定積分して

$$L_1(x) = \int (-x^2)\, dx + C_1 = -\frac{x^3}{3} + C_1,$$

$$L_2(x) = \int (x+1)\, dx + C_2 = \frac{x^2}{2} + x + C_2.$$

ここで C_1, C_2 は積分定数である．よって

$$y = \left(-\frac{x^3}{3} + C_1\right)(x+1) + \left(\frac{x^2}{2} + x + C_2\right)x^2$$

$$= \frac{x^4}{6} + \frac{2x^3}{3} + C_1(x+1) + C_2 x^2$$

が一般解である． ■

♦**MEMO** 例題 2.23 では $y'' + \cdots$ の形にすると $Q(x) = x(x+2)$ になっているので注意してほしい．

▶ **問題 2.18** 次の線形微分方程式について ( ) 内の関数が解の基本系であることを示し，定数変化法で一般解を求めよ．

(1) $x^2 y'' - xy' = 3x^3$ (x^2, 1)

(2) $x^2 y'' + xy' - y = x^2$ (x, $\dfrac{1}{x}$)

(3) $y'' - 4y' + 4y = 4$ (e^{2x}, xe^{2x})

(4) $x^2 y'' - xy' + y = x^2$ (x, $x\log|x|$)

2.14 2階線形で斉次の解が1つわかっている場合

2階の線形微分方程式

$$\frac{d^2y}{dx^2} + P_1(x)\,\frac{dy}{dx} + P_2(x)\,y = Q(x)$$

において，その斉次形の方程式

$$\frac{d^2y}{dx^2} + P_1(x)\,\frac{dy}{dx} + P_2(x)\,y = 0$$

の特殊解 $y = f(x)$ が1つわかっているとき，すなわち，解の基本系のうちの片方がわかっているとき，$y = uf(x)$ とおき，y を消去すると

$$\frac{d^2u}{dx^2} + \left(P_1(x) + \frac{2f'(x)}{f(x)}\right)\frac{du}{dx} = \frac{Q(x)}{f(x)}$$

であり，さらに $p = \dfrac{du}{dx}$ とおくと

$$\frac{dp}{dx} + \left(P_1(x) + \frac{2f'(x)}{f(x)}\right)p = \frac{Q(x)}{f(x)}$$

となり1階線形になる．

★ **例題 2.24** 次の微分方程式を解け（ただし $x > 0$）．
$$x^2 y'' - xy' + y = x^2$$

［解］ 斉次形は $x^2 y'' - xy' + y = 0$ であり，$y = x$ は $y' = 1, y'' = 0$ だからその特殊解であることはただちにわかる．よって $y = ux$ とおくと，

$$y' = xu' + u, \qquad y'' = xu'' + 2u'$$

だから，y を消去して

$$x^3 u'' + x^2 u' = x^2.$$

さらに $p = u'$ とおくことにより

$$p' = -\frac{1}{x}p + \frac{1}{x}$$

となり1階線形になる．ここで $A(x) = -\displaystyle\int \frac{1}{x}\,dx = -\log x$ だから

$$e^{A(x)} = e^{-\log x} = x^{-1} = \frac{1}{x}$$

が基本解である．よって

$$p = \frac{1}{x}\left\{\int x \cdot \frac{1}{x}\,dx + C_1\right\}$$

$$= 1 + \frac{C_1}{x}.$$

さらに，両辺を積分して ($x > 0$ だから log の絶対値は不要)

$$u = \int\left(1 + \frac{C_1}{x}\right)dx + C_2$$

$$= x + C_1 \log x + C_2.$$

よって

$$y = x^2 + C_1 x \log x + C_2 x$$

が一般解である． ∎

▶ 問題 **2.19** 次の 2 階線形微分方程式について，関数 $f(x) = x^2$ が斉次形の特殊解であることを示し，一般解を求めよ．

(1) $x^2 y'' - 4xy' + 6y = 0$

(2) $x^2 y'' - 2y = 2x$

2.15 章末問題

1. 次の微分方程式を解け．

(1) $y' = xe^{x^2}$ (2) $y'' = \cos(1 - 2x)$ (3) $y' = \log|x|$

(4) $y' = \tan x$ (5) $y' = \dfrac{x}{x^4 + 1}$ (6) $y' = \dfrac{1}{3x^2 - 4x + 5}$

2. 次の変数分離形の微分方程式を解け．

(1) $xy' + y = 0$ (2) $y' = 2x\sqrt{1 - y^2}$ (3) $y' = \tan y$

(4) $xy' = y^2 - 1$ (5) $y' + y^2 \cos x = 0$ (6) $y' = y(y + 1)$

(7) $yy' = \sqrt{y^2 + 1}$ (8) $y' = 3x^2 \cos^2 y$ (9) $xyy' = 1 - x^2$

3. 次の初期値問題の解を求めよ．

(1) $y^2 y' = x^2$, $y(0) = 1$

(2) $x^2 y' = y^2 + 1$, $y(1) = 1$

(3) $y' = 2x(y + 1)^2$, $y(0) = 0$

2.15 章末問題

4. 次の微分方程式を適切な変数変換を行って解け.

(1) $(x-y)y' = -y$ (2) $y' = \dfrac{3x^2 + 2y^2}{xy}$

(3) $y' = \dfrac{y}{x} + \tan\dfrac{y}{x}$ (4) $y' = \cos^2(y - 3x) + 3$

(5) $y' = \dfrac{2x - 3y + 1}{3x + 2y - 5}$ (6) $y' = \dfrac{x - y}{x - y + 1}$

5. 次の 1 階線形またはベルヌイ形の微分方程式を解け.

(1) $y' = y + 2 - 2x$ (2) $xy' + y = 4x^3$

(3) $y' - 5y = 2e^{3x}$ (4) $y' + y\sin x = \sin x$

(5) $yy' = x + y^2$ (6) $y' + 2y + 3y^2 = 0$

6. 次の初期値問題の解を求めよ.

(1) $y' = 3x^2 y + x^2$, $y(0) = 1$

(2) $(x^2 - 1)y' = 2y + 2(x+1)(x-1)^2$, $y(0) = -1$

(3) $y' = y\tan x - 2\sin x$, $y(0) = 1$

7. 次の完全微分形の微分方程式を解け.

(1) $(x+1)\,dx + (y-1)\,dy = 0$

(2) $(x^2 - 2xy - 2y^2)\,dx + (y^2 - 4xy - x^2)\,dy = 0$

(3) $e^x(2x + y + 2)\,dx + e^x\,dy = 0$

(4) $3x^2 + ye^{xy} + (3y^2 + xe^{xy})y' = 0$

(5) $e^{x+y}y' + e^{x+y} + \cos x = 0$

(6) $\left(1 + \dfrac{y}{x^2 + y^2}\right)dx - \dfrac{x}{x^2 + y^2}\,dy = 0$

8. 次の微分方程式を全微分の公式を使って解け.

(1) $(y + xy^2)\,dx - x\,dy = 0$

(2) $(2x^3 + 2xy^2 + y)\,dx - x\,dy = 0$

(3) $(x^2 e^x + y)\,dx - x\,dy = 0$

9. 次の微分方程式を積分因子を求めて解け.

(1) $y\,dx + 2x\,dy = 0$

(2) $y^2\,dx + 4xy\,dy = 0$

(3) $(x + y^2)\,dx - 2xy\,dy = 0$

(4) $\left(2xy + x^2 y + \dfrac{y^3}{3}\right)dx + (x^2 + y^2)\,dy = 0$

10. 次の 1 階 n 次の微分方程式を解け.

(1) $(y')^2 - x^2 = 0$
(2) $(y')^2 - 3xyy' + 2x^2y^2 = 0$
(3) $(y')^3 + 1 = 0$
(4) $(y')^2 - 2(x+1)y' + 4x = 0$

11. 次の微分方程式を解け.

(1) $y = xy' - (y')^2$
(2) $y = xy' + \dfrac{1}{y'}$
(3) $y = xy' + \sqrt{1 + (y')^2}$
(4) $y = 2xy' - y(y')^2$

12. 次の 2 階の微分方程式を解け.

(1) $y'' = (y')^2 + 1$
(2) $xy'' = \sqrt{(y')^2 + 1}$
(3) $yy'' = 2(y')^2$
(4) $y'' = 2yy'$

13. 次の線形微分方程式について ( ) 内の関数が解の基本系であることを示し, 定数変化法で一般解を求めよ.

(1) $y'' - y = e^x$ (e^x, e^{-x})

(2) $y'' + y = \dfrac{1}{\cos x}$ ($\sin x$, $\cos x$)

(3) $xy'' + y' = x^2$ ($\log |x|$, 1)

(4) $y'' - y = \dfrac{e^x - e^{-x}}{e^x + e^{-x}}$ (e^x, e^{-x})

3

定数係数線形微分方程式

係数 $a_1, a_2, \cdots, a_n$ がすべて定数の n 階線形微分方程式

$$\frac{d^n y}{dx^n} + a_1 \frac{d^{n-1}y}{dx^{n-1}} + a_2 \frac{d^{n-2}y}{dx^{n-2}} + \cdots + a_n y = Q(x),$$

または

$$y^{(n)} + a_1 y^{(n-1)} + a_2 y^{(n-2)} + \cdots + a_{n-1} y' + a_n y = Q(x)$$

を n 階定数係数線形微分方程式という．ここで $Q(x)$ は x の関数である．

3.1 斉次形の一般解

斉次形の n 階定数係数線形微分方程式

$$y^{(n)} + a_1 y^{(n-1)} + a_2 y^{(n-2)} + \cdots + a_{n-1} y' + a_n y = 0 \qquad (3.1)$$

の一般解は，式 (2.9) と同様に解の基本系 $f_1(x), f_2(x), \cdots, f_n(x)$ を用いて

$$y = C_1 f_1(x) + C_2 f_2(x) + \cdots + C_n f_n(x)$$

の形をしている．この解の基本系 $f_1(x), f_2(x), \cdots, f_n(x)$ は，**特性方程式**とよばれる次の方程式

$$k^n + a_1 k^{n-1} + a_2 k^{n-2} + \cdots + a_{n-1} k + a_n = 0 \qquad (3.2)$$

から容易にわかる．特性方程式は (3.1) からただちによみとれる．この特性方程式の重解を込めた n 個の解を**特性解**という．特性解と解の基本系は 1 対 1 に対応していて

  a) 特性解 $k = \alpha$ が実数のとき，対応する解は $e^{\alpha x}$，
  b) 特性解 $k = \alpha \pm \beta i$ が虚数のとき，対応する解は，ペアで
$$e^{\alpha x} \cos \beta x, \quad e^{\alpha x} \sin \beta x,$$

c) 特性解 $k = m$, m, $\cdots$ が p 重解のとき，$k = m$ に対応する解 $f(x)$ に対して，$f(x)$, $xf(x)$, $\cdots$, $x^{p-1}f(x)$ が対応する解 (ただし，m は複素数でもよい)，

のように求められる．

> ★ 例題 3.1 次の微分方程式の一般解を求めよ．
> (1) $y'' + y' - 6y = 0$
> (2) $y'' - 2y' + 10y = 0$
> (3) $y'' - 2y' + y = 0$

[解] (1) 特性方程式は
$$k^2 + k - 6 = 0$$
より，特性解は $k = 2, -3$ の実数解，よって，解の基本系は e^{2x}, e^{-3x} だから
$$y = C_1 e^{2x} + C_2 e^{-3x}$$
が一般解である．

(2) 特性方程式は
$$k^2 - 2k + 10 = 0$$
より，特性解は $k = 1 \pm 3i$ の虚数解，よって，解の基本系は $e^x \cos 3x$, $e^x \sin 3x$ だから
$$y = C_1 e^x \cos 3x + C_2 e^x \sin 3x$$
が一般解である．

(3) 特性方程式は
$$k^2 - 2k + 1 = 0$$
より，特性解は $k = 1, 1$ の重解，よって，解の基本系は e^x, xe^x だから
$$y = C_1 e^x + C_2 x e^x$$
が一般解である． ∎

3.1 斉次形の一般解

★ **例題 3.2** 次の微分方程式の一般解を求めよ.
(1) $y^{(4)} - y''' - 9y'' - 11y' - 4y = 0$
(2) $y^{(4)} + 5y'' - 36y = 0$
(3) $y''' + 4y' = 0$

［解］ (1) 特性方程式は
$$k^4 - k^3 - 9k^2 - 11k - 4 = (k+1)^3(k-4) = 0$$
より, 特性解は $k = -1, -1, -1, 4$. よって, 解の基本系は $e^{-x}, xe^{-x}, x^2e^{-x}, e^{4x}$ だから
$$y = C_1 e^{-x} + C_2 x e^{-x} + C_3 x^2 e^{-x} + C_4 e^{4x}$$
が一般解である.

(2) 特性方程式は
$$k^4 + 5k^2 - 36 = (k^2+9)(k^2-4) = 0$$
より, 特性解は $k = \pm 2, \pm 3i$. よって, 解の基本系は $e^{2x}, e^{-2x}, \cos 3x, \sin 3x$ だから
$$y = C_1 e^{2x} + C_2 e^{-2x} + C_3 \cos 3x + C_4 \sin 3x$$
が一般解である.

(3) 特性方程式は
$$k^3 + 4k = k(k^2+4) = 0$$
より, 特性解は $k = 0, \pm 2i$. よって, 解の基本系は $1, \cos 2x, \sin 2x$ だから
$$y = C_1 + C_2 \cos 2x + C_3 \sin 2x$$
が一般解である. ■

▶ **問題 3.1** 次の微分方程式の一般解を求めよ.
(1) $y'' - 5y' + 6y = 0$
(2) $y'' + 2y' + 4y = 0$
(3) $y'' + 6y' + 9y = 0$
(4) $y''' - 13y' + 12y = 0$
(5) $y^{(4)} - 2y'' + y = 0$
(6) $y^{(4)} + 2y'' + y = 0$

3.2 非斉次形の一般解

$Q(x) \neq 0$ を x の関数として，**非斉次形**の n 階定数係数線形微分方程式

$$y^{(n)} + a_1\, y^{(n-1)} + a_2\, y^{(n-2)} + \cdots + a_{n-1}\, y' + a_n\, y = Q(x) \quad (3.3)$$

をみたす解のなかの一つを $f_0(x)$ とする．この $f_0(x)$ は**特解**(特殊解)とよばれる．式 (3.3) の一般解は，左辺の形より特性方程式から求められる解の基本系 $f_1(x), f_2(x), \cdots, f_n(x)$ と，特解 $f_0(x)$ を用いて

$$y = f_0(x) + C_1 f_1(x) + C_2 f_2(x) + \cdots + C_n f_n(x)$$

の形で表されることが知られている．したがって，解の基本系は容易に求められるので，特解をいかに求めるかが問題となるが，2.13 節で学んだ定数変化法はひとつの解法である．

★ **例題 3.3** 次の微分方程式の一般解を定数変化法を用いて求めよ．
$$y'' - 2y' = e^x \sin x$$

[解] 特性解は $k = 0, 2$ だから，解の基本系は $1, e^{2x}$ である．定数変化法により

$$y = L_1(x) + L_2(x) e^{2x}$$

とおくと

$$L_1'(x) = \frac{-e^{2x} e^x \sin x}{2e^{2x}} = -\frac{1}{2} e^x \sin x,$$

$$L_2'(x) = \frac{e^x \sin x}{2e^{2x}} = \frac{1}{2} e^{-x} \sin x$$

より，不定積分して

$$L_1(x) = -\frac{1}{4} e^x (\sin x - \cos x) + C_1,$$

$$L_2(x) = -\frac{1}{4} e^{-x} (\sin x + \cos x) + C_2.$$

ここで C_1, C_2 は積分定数である．よって

$$y = -\frac{1}{2} e^x \sin x + C_1 + C_2 e^{2x}$$

が一般解である．∎

3.2 非斉次形の一般解

▶ **問題 3.2** 次の微分方程式の一般解を定数変化法を用いて求めよ.

(1) $y'' + y = \tan x$

(2) $y'' - 2y' + y = \dfrac{e^x}{x}$

関数 $Q(x)$ が特殊な形の場合,特解を予想して求めることもできる.詳しくはふれないが,特に
$$Q(x) = e^{ax} \cdot (n\text{ 次多項式})$$
の形で $Q(x)$ のなかに解の基本系を含まなければ,特解も $e^{ax} \cdot (n\text{ 次多項式})$ の形になる.この方法を**未定係数法**という.

★ **例題 3.4** 次の微分方程式の一般解を求めよ.
$$y'' - 4y' + 4y = x^2$$

[解] 特性解は $k = 2, 2$ の重解だから,解の基本系は e^{2x}, xe^{2x} である.特解を $y = ax^2 + bx + c$ とおくと,
$$y' = 2ax + b, \qquad y'' = 2a$$
より,もとの微分方程式に代入すると,
$$y'' - 4y' + 4y = 2a - 4(2ax + b) + 4(ax^2 + bx + c) = x^2.$$
同類項の係数を比較して
$$4a = 1, \quad 4b - 8a = 0, \quad 4c - 4b + 2a = 0$$
となるので $a = \frac{1}{4}, b = \frac{1}{2}, c = \frac{3}{8}$ となる.よって一般解は
$$y = \frac{1}{4}x^2 + \frac{1}{2}x + \frac{3}{8} + C_1 e^{2x} + C_2 x e^{2x}$$
である. ■

▶ **問題 3.3** 次の微分方程式の一般解を未定係数法を用いて求めよ.

(1) $y'' + y = 10e^{2x}$

(2) $y'' + y' - 6y = 16xe^x$

3.3 解の安定性

3.1 節でみたように，定数係数線形微分方程式の斉次形の解は，

$$y = C_1 f_1(x) + C_2 f_2(x) + \cdots + C_n f_n(x)$$

の形をしていて，解の基本系 $f_1(x), f_2(x), \cdots, f_n(x)$ は指数関数 $e^{\alpha x}$ を含んでいる．もし，解の基本系のなかの指数部 α のうち，1つでも $\alpha > 0$ であれば，$x \to \infty$ のとき解 y は $|y| \to \infty$ であり，指数部 α がすべて $\alpha < 0$ であれば，$x \to \infty$ のとき解 y は $y \to 0$ である．後者の場合，すべての解は自明な解 $y = 0$ に近づき，**安定**であるという．当然，3.2 節のように非斉次形の場合，特解と斉次形の一般解の和で表されているので，特解が $x > 0$ で有界 (値域が有限の値) であり，斉次形が安定であれば，非斉次形でも安定で，$x \to \infty$ のときすべての解は特解に近づくことになる．

工学では，定数係数線形微分方程式をとり扱うことが多く，解の性質，特に安定性が議論される．このとき，特性方程式 (3.2) から安定性がわかれば便利であり，$n = 2$ ならば

$$a_1 > 0, \ a_2 > 0$$

の場合に，$n = 3$ ならば

$$a_1 > 0, \quad a_2 > 0, \quad a_3 > 0, \quad a_1 a_2 - a_3 > 0$$

の場合に安定となる．例えば，6.2 節の例題 6.5 では，$t \to \infty$ のとき $x \to 0$ となり安定である．

★ **例題 3.5** 次の微分方程式の特解の安定性を調べよ．

$$y''' + 2y'' + 4y' + 6y = \sin x$$

[解] $a_1 = 2 > 0, a_2 = 4 > 0, a_3 = 6 > 0$ であり，$a_1 a_2 - a_3 = 2 > 0$ より安定である． ∎

▶ **問題 3.4** 次の微分方程式の特解の安定性を調べよ．
(1) $y'' + y' + y = \sin x$
(2) $y''' + y'' + y' + 2y = \cos x$

3.4 記号解法

$$D = \frac{d}{dx}$$

を微分演算子という．D は「右にある関数を x で微分せよ」という命令のように思うことができる．

$$y' = Dy, \quad y'' = D \cdot Dy = D^2 y, \quad \cdots$$

と書くと，記号 D は変数のようにふるまい，

$$y^{(n)} + a_1 \, y^{(n-1)} + a_2 \, y^{(n-2)} + \cdots + a_{n-1} \, y' + a_n \, y$$
$$= (D^n + a_1 \, D^{n-1} + a_2 \, D^{n-2} + \cdots + a_{n-1} \, D + a_n) \, y \qquad (3.4)$$

と書くことができる．また右辺の

$$D^n + a_1 \, D^{n-1} + a_2 \, D^{n-2} + \cdots + a_{n-1} \, D + a_n$$

は，より複雑な複合演算子で，変数 D の多項式と考えて $F(D)$ と書くと，式 (3.4) の右辺は単に $F(D) \, y$ と表すことができる．一般に

$$F(D) = (D - \alpha_1)(D - \alpha_2) \cdots (D - \alpha_n)$$

と因数分解されるなら

$$F(D) \, y = (D - \alpha_1)(D - \alpha_2) \cdots (D - \alpha_n) \, y$$

が成り立つ．

★ **例題 3.6** 次の計算をせよ．
(1) $(D^2 - 3D + 2) e^{3x}$
(2) $(D - 1)(D - 2)(x^2 + x + 1)$

［解］ (1) $(D^2 - 3D + 2) e^{3x} = (e^{3x})'' - 3(e^{3x})' + 2e^{3x} = 2e^{3x}$
(2) $(D - 1)(D - 2)(x^2 + x + 1) = (D^2 - 3D + 2)(x^2 + x + 1)$
$= 2 - 3(2x + 1) + 2(x^2 + x + 1) = 2x^2 - 4x + 1$ ∎

▶ **問題 3.5** 次の計算をせよ．
(1) $(D^2 + 3D + 4) e^x$
(2) $(D^2 + 3D - 4)(x^2 + x)$

非斉次形の定数係数線形微分方程式は
$$F(D)y = Q(x)$$
の形をしている．このとき特解を
$$y = \frac{1}{F(D)}Q(x)$$
と書くと，特定の形の $Q(x)$ については，次のように計算がかなり簡単になる．

a) $Q(x) = \alpha\, Q_1(x) + \beta\, Q_2(x)$ のとき ($\alpha,\ \beta$ は定数)，
$$\frac{1}{F(D)}Q(x) = \alpha\frac{1}{F(D)}Q_1(x) + \beta\frac{1}{F(D)}Q_2(x).$$

b) $\dfrac{1}{D}Q(x) = \displaystyle\int Q(x)\,dx$ 　　　(積分定数は不要)

c) $Q(x)$ が e^{ax} の形のとき，D のところに a を代入して，
$$\frac{1}{F(D)}e^{ax} = \frac{1}{F(a)}e^{ax} \qquad (\text{ただし } F(a) \neq 0).$$

d) $Q(x)$ が $\sin(ax+b)$ または $\cos(ax+b)$ の形のとき，分母が 0 にならなければ，D^2 のところに $-a$ を代入する．
$$\frac{1}{F(D^2)}\sin(ax+b) = \frac{1}{F(-a^2)}\sin(ax+b) \qquad (\text{ただし } F(-a^2) \neq 0),$$
$$\frac{1}{F(D^2)}\cos(ax+b) = \frac{1}{F(-a^2)}\cos(ax+b) \qquad (\text{ただし } F(-a^2) \neq 0),$$
$$\frac{1}{D^2+a^2}\sin(ax+b) = -\frac{1}{2a}x\cos(ax+b),$$
$$\frac{1}{D^2+a^2}\cos(ax+b) = \frac{1}{2a}x\sin(ax+b).$$

e) $Q(x)$ が m 次多項式のとき，$\dfrac{1}{F(D)}$ の m 次マクローリン近似を求めることにより
$$\frac{1}{F(D)}Q(x) = (a_0 + a_1 D + \cdots + a_m D^m)Q(x) \qquad (\text{ただし } a_0 \neq 0).$$

f) $Q(x)$ が $e^{ax}R(x)$ の形のとき，
$$\frac{1}{F(D)}e^{ax}R(x) = e^{ax}\frac{1}{F(D+a)}R(x).$$

3.4 記号解法

g) $Q(x) = Q_1(x) + iQ_2(x)$ が複素数値関数のとき (ただし, $Q_1(x), Q_2(x)$ は x の実数値関数),

$$\frac{1}{F(D)}Q_1(x) = \text{Re}\left(\frac{1}{F(D)}Q(x)\right),$$

$$\frac{1}{F(D)}Q_2(x) = \text{Im}\left(\frac{1}{F(D)}Q(x)\right)$$

ここで, $\text{Re}(z)$ は複素数 z の実数部分, $\text{Im}(z)$ は虚数部分である.

★ **例題 3.7** 次の計算をせよ.

(1) $\dfrac{1}{D^2+D+1}e^{2x}$ (2) $\dfrac{1}{D^3-2D^2-5D+6}e^{3x}$

(3) $\dfrac{1}{D^2+4}\sin 2x$ (4) $\dfrac{1}{D^2-D+1}\sin 2x$

(5) $\dfrac{1}{2D^2+2D+3}(x^2+2x-1)$ (6) $\dfrac{1}{D^2-4}x^2e^{3x}$

[解] (1) 公式 c) より

$$\frac{1}{D^2+D+1}e^{2x} = \frac{1}{2^2+2+1}e^{2x} = \frac{1}{7}e^{2x}.$$

(2) 公式 c), f) より

$$\frac{1}{(D-3)(D-1)(D+2)}e^{3x} = \frac{1}{10}\frac{1}{D-3}e^{3x}\cdot 1$$

$$= \frac{1}{10}e^{3x}\frac{1}{(D+3)-3}1$$

$$= \frac{1}{10}e^{3x}\int dx = \frac{1}{10}xe^{3x}.$$

(3) 公式 d) より

$$\frac{1}{D^2+4}\sin 2x = -\frac{1}{4}x\cos 2x.$$

別解として, 公式 g) を用いてもよい. $e^{2ix} = \cos 2x + i\sin 2x$ だから,

$$\frac{1}{D^2+4}e^{2ix} = \frac{1}{(D-2i)(D+2i)}e^{2ix}$$

$$= \frac{1}{4i}\left(\frac{1}{D-2i}e^{2ix}\right)$$

$$= -\frac{i}{4}e^{2ix}\left(\frac{1}{D}1\right) = -\frac{ix}{4}(\cos 2x + i\sin 2x)$$

より，虚数部分をとって，
$$\frac{1}{D^2+4}\sin 2x = -\frac{1}{4}x\cos 2x.$$

(4) 公式 d) より
$$\frac{1}{D^2-D+1}\sin 2x = \frac{1}{(-4)-D+1}\sin 2x$$
$$= \frac{D-3}{9-D^2}\sin 2x$$
$$= \frac{1}{13}(D-3)\sin 2x$$
$$= \frac{1}{13}(2\cos 2x - 3\sin 2x).$$

別解として
$$\frac{1}{D^2-D+1}e^{2ix} = \frac{1}{-3-2i}e^{2ix}$$
$$= \frac{-3+2i}{13}(\cos 2x + i\sin 2x)$$
$$= \frac{1}{13}(-3\cos 2x - 2\sin 2x + 2i\cos 2x - 3i\sin 2x)$$

より，虚数部分をとって，
$$\frac{1}{D^2-D+1}\sin 2x = \frac{1}{13}(2\cos 2x - 3\sin 2x).$$

(5) 等比級数の公式 $\frac{1}{1-r} = 1+r+r^2+\cdots$ より

$$\frac{1}{2D^2+2D+3} = \frac{1}{3}\left(\frac{1}{1+\frac{2D+2D^2}{3}}\right)$$
$$= \frac{1}{3}\left(1 - \left(\frac{2D+2D^2}{3}\right) + \left(\frac{2D+2D^2}{3}\right)^2 - \cdots\right)$$
$$= \frac{1}{3}\left(1 - \frac{2}{3}D - \frac{2}{9}D^2 - \cdots\right)$$

だから，公式 e) より
$$\frac{1}{2D^2+2D+3}(x^2+2x-1) = \frac{1}{27}(9-6D-2D^2)(x^2+2x-1)$$
$$= \frac{1}{27}(9x^2+6x-25).$$

3.4 記号解法

(6) 公式 f) より
$$\frac{1}{D^2-4}x^2e^{3x} = e^{3x}\frac{1}{(D+3)^2-4}x^2$$
だから，公式 e) より
$$e^{3x}\frac{1}{D^2+6D+5}x^2 = \frac{e^{3x}}{5}\left(\frac{1}{1+\frac{D}{5}}\right)\left(\frac{1}{1+D}\right)x^2$$
$$= \frac{e^{3x}}{5}\left(1-\frac{D}{5}+\frac{D^2}{25}\right)\left(1-D+D^2\right)x^2$$
$$= \frac{e^{3x}}{125}(25x^2-60x+62). \blacksquare$$

▶ **問題 3.6** 次の計算をせよ．

(1) $\dfrac{1}{D^2-3D+2}e^{3x}$ (2) $\dfrac{1}{D^2-3D+2}e^{2x}$

(3) $\dfrac{1}{(D+1)^2}(e^x+e^{-x})$ (4) $\dfrac{1}{D^2+D+1}\cos x$

(5) $\dfrac{1}{D^2-3D+2}x^2$ (6) $\dfrac{1}{D^2-3D+2}xe^x$

次に，記号解法を用いて，具体的に定数係数線形微分方程式を解いてみよう．3.2 節で用いた定数変化法に比べてやさしいことがわかるであろう．

★ **例題 3.8** 次の微分方程式の一般解を求めよ．

(1) $y'' - 2y' + y = xe^x$

(2) $2y'' - y' - y = xe^{2x}$

(3) $y'' + y = x\sin x$

［解］ (1) 特性方程式
$$k^2 - 2k + 1 = 0$$
より，特性解は $k=1,\,1$ の重解である．よって，解の基本系は $e^x,\,xe^x$ である．特解は
$$\frac{1}{(D-1)^2}xe^x = e^x\frac{1}{D^2}x = \frac{1}{6}x^3e^x$$
より，一般解は
$$y = \frac{1}{6}x^3e^x + C_1e^x + C_2xe^x.$$

(2) 特性方程式
$$2k^2 - k - 1 = 0$$
より,特性解は $k = 1, -\frac{1}{2}$. よって,解の基本系は e^x, $e^{-\frac{1}{2}x}$ である.特解は,公式 c), f) より

$$\frac{1}{2D^2 - D - 1}xe^{2x} = e^{2x}\frac{1}{2D^2 + 7D + 5}x$$
$$= \frac{e^{2x}}{5}\left(\frac{1}{1 + \frac{7D+2D^2}{5}}\right)x$$
$$= \frac{e^{2x}}{5}\left(1 - \frac{7D}{5}\right)x$$
$$= \frac{1}{25}(5x - 7)e^{2x}$$

より,一般解は
$$y = \frac{1}{25}(5x - 7)e^{2x} + C_1 e^x + C_2 e^{-\frac{1}{2}x}.$$

(3) 特性方程式
$$k^2 + 1 = 0$$
より,特性解は $k = \pm i$. よって,解の基本系は $\cos x$, $\sin x$ である.特解は,公式 h) より $\frac{1}{D^2+1}xe^{ix} = \frac{1}{D^2+1}(x\cos x + ix\sin x)$ の虚数部分だから

$$\frac{1}{D^2+1}xe^{ix} = e^{ix}\frac{1}{(D+i)^2+1}x = e^{ix}\frac{1}{D(D+2i)}x$$
$$= \frac{e^{ix}}{2i}\frac{1}{D}\left(1 - \frac{D}{2i}\right)x$$
$$= \frac{e^{ix}}{2i}\int\left(x - \frac{1}{2i}\right)dx$$
$$= (\cos x + i\sin x)\left(-\frac{i}{4}x^2 + \frac{1}{4}x\right)$$

より,
$$\frac{1}{D^2+1}x\sin x = -\frac{x^2}{4}\cos x + \frac{x}{4}\sin x.$$

よって求める一般解は
$$y = -\frac{x^2}{4}\cos x + \frac{x}{4}\sin x + C_1 \cos x + C_2 \sin x.$$ ■

3.5 ラプラス変換を用いる解法

▶ 問題 **3.7** 次の微分方程式の一般解を求めよ．

(1) $y'' + y' - 6y = 4e^x$ (2) $y'' + y' - 6y = 5e^{2x}$

(3) $y'' - 4y' + 4y = 8x^2$ (4) $y'' + y' - 2y = 20\cos 2x$

(5) $y^{(4)} - 2y''' + y'' = 2e^x$ (6) $y''' + y'' + y' + y = 8xe^x$

3.5 ラプラス変換を用いる解法

工学の分野では，ラプラス変換を用いて定数係数線形微分方程式を解くことがよく行われる．

独立変数を t とし，$t \geqq 0$ で定義された関数 $f(t)$ に対して

$$F(s) = \mathcal{L}[f]$$
$$= \int_0^\infty f(t)\, e^{-st}\, dt \quad (s > 0)$$

で表される関数 $F(s)$ を求めることを関数 $f(t)$ の**ラプラス変換**という．また，

$$f(t) = \mathcal{L}^{-1}[F]$$

を求めることを $F(s)$ の**ラプラス逆変換**という．$f(t)$ を**原関数**，$F(s)$ を**像関数**という．

ラプラス変換は，定数係数線形微分方程式に次の手順で応用できる．

(1) 微分方程式全体をラプラス変換する．
(2) 解 y のラプラス変換を代数計算で求める．
(3) ラプラス逆変換で解 y を求める．

ラプラス変換自体には積分計算があるが，次のページの表 3.1 の公式を用いればやさしく計算ができる．手順 (2) の代数計算は，式の加減乗除や部分分数分解，平方完成などで公式を使えるように変形する．手順 (1) は例題 3.9 を，手順 (3) は例題 3.10 を，全体は例題 3.11 を参照してほしい．

表3.1　ラプラス変換の基本公式

公式番号	$f(t) = \mathcal{L}^{-1}[F]$	$F(s) = \mathcal{L}[f]$	備考
1	1	$\dfrac{1}{s}$	
2	t	$\dfrac{1}{s^2}$	
3	$\dfrac{t^n}{n!}$	$\dfrac{1}{s^{n+1}}$	
4	$\dfrac{1}{\sqrt{\pi t}}$	$\dfrac{1}{\sqrt{s}}$	
5	$e^{\lambda t}$	$\dfrac{1}{s-\lambda}$	
6	$\cos \lambda t$	$\dfrac{s}{s^2+\lambda^2}$	
7	$\sin \lambda t$	$\dfrac{\lambda}{s^2+\lambda^2}$	
8	$\delta(t)$	1	
9	$\delta(t-\lambda)$	$e^{-\lambda s}$	
10	$\alpha f(t) + \beta g(t)$	$\alpha F(s) + \beta G(s)$	線形性
11	$\dfrac{f(t/\lambda)}{\lambda}$	$\lambda F(\lambda s)$	
12	$e^{-\lambda t}f(t)$	$F(s+\lambda)$	第1平行移動
13	$U(t-\lambda)f(t-\lambda)$	$e^{-\lambda s}F(s)$	第2平行移動
14	$\displaystyle\int_0^t f(\tau)\,d\tau$	$\dfrac{F(s)}{s}$	
15	$-tf(t)$	$F'(s)$	
16	$f'(t)$	$sF(s) - f(0)$	
17	$f''(t)$	$s^2F(s) - sf(0) - f'(0)$	
18	$f(t) * g(t)$	$F(s)G(s)$	たたみこみ

(注意 1)　公式 18 の $f(t) * g(t) = \displaystyle\int_0^t f(t-\tau)g(\tau)\,d\tau$ を**たたみこみ**,または**合成積**という.

(注意 2)　$U(t)$ はヘビサイドの単位階段関数で,$t \geqq 0$ のとき 1,それ以外で 0 で定義され,振動工学や制御工学で重要な関数である.

(注意 3)　$\delta(t)$ はディラックのデルタ関数 (衝撃関数) で,$t=0$ での値が ∞,それ以外では 0 であり,$U'(t) = \delta(t)$,$\displaystyle\int_0^\infty \delta(t)\,dt = 1$ をみたす.この関数は当然,通常の概念の関数ではない (超関数とよばれる) が,工学では重要なものである.

3.5 ラプラス変換を用いる解法

★ **例題 3.9** 次の関数のラプラス変換を求めよ. ($t \geqq 0$)

(1) $t^2(1+e^{2t})$

(2) $e^{\lambda t}\cos(\alpha t + \beta)$ (λ, α, β は定数)

(3) $f(t) = \begin{cases} 1 & (0 \leqq t < \pi) \\ -1 & (t \geqq \pi) \end{cases}$

［解］ (1) 公式 3) より
$$L[t^2] = \frac{2}{s^3}$$
である．また，$f(t) = t^2$ とすると，公式 12) より $L[e^{2t}f(t)] = F(s-2)$ だから
$$L[e^{2t}t^2] = \frac{2}{(s-2)^3}$$
となる．よって公式 10) より
$$L[t^2(1+e^{2t})] = L[t^2] + L[t^2 e^{2t}] = \frac{2}{s^3} + \frac{2}{(s-2)^3}.$$

(2) 加法定理と公式 6), 7) より
$$L[\cos(\alpha t + \beta)] = L[\cos\beta \cos\alpha t - \sin\beta \sin\alpha t]$$
$$= \frac{s\cos\beta}{s^2 + \alpha^2} - \frac{\alpha\sin\beta}{s^2 + \alpha^2}$$
だから，公式 12) より
$$L[e^{\lambda t}\cos(\alpha t + \beta)] = \frac{(s-\lambda)\cos\beta - \alpha\sin\beta}{(s-\lambda)^2 + \alpha^2}.$$

(3) p.48 の注意 2 における $U(t)$ を用いて $f(t)$ を表すと $f(t) = U(t) - 2U(t-\pi)$ なので，公式 1), 13) より
$$L[f(t)] = L[U(t)] - 2L[U(t-\pi)] = \frac{1}{s} - \frac{2e^{-\pi s}}{s}. \blacksquare$$

▶ **問題 3.8** 次の関数のラプラス変換を求めよ．

(1) $(1+2t)e^{-2t}$ (2) $t\sin 2t$ (3) $e^t + e^{-t}$

(4) $f(t) = \begin{cases} 1 & (0 \leqq t < 2) \\ 2 & (2 \leqq t < 3) \\ 0 & (t \geqq 3) \end{cases}$

★ **例題 3.10** 次の関数のラプラス逆変換を求めよ.

(1) $\dfrac{5s-1}{(s-2)(s+1)^2}$ (2) $\dfrac{2s+11}{s^2-10s+74}$ (3) $\dfrac{2}{(s^2+1)^2}$

[解] (1) $\dfrac{5s-1}{(s-2)(s+1)^2}$ を部分分数分解して,表 3.1 の公式 5), 6), 7) を使いやすい形にする.

$$\frac{5s-1}{(s-2)(s+1)^2} = \frac{A}{s-2} + \frac{B}{s+1} + \frac{Cs+D}{(s+1)^2}$$

とおくと $A=1, B=-1, C=0, D=2$ だから

$$\frac{5s-1}{(s-2)(s+1)^2} = \frac{1}{s-2} - \frac{1}{s+1} + \frac{2}{(s+1)^2}$$

となるから,公式 5), 2), 12) より

$$L^{-1}\left[\frac{1}{s-2} - \frac{1}{s+1} + \frac{2}{(s+1)^2}\right] = e^{2t} - e^{-t} + 2te^{-t}.$$

(2) 分母を平方完成して,表 3.1 の公式 6), 7) を使いやすい形にする.

$$\frac{2s+11}{s^2-10s+74} = 2\frac{s-5}{(s-5)^2+7^2} + 3\frac{7}{(s-5)^2+7^2}$$

より,公式 6), 7), 12) を使って

$$L^{-1}\left[2\frac{s-5}{(s-5)^2+7^2} + 3\frac{7}{(s-5)^2+7^2}\right] = e^{5t}(2\cos 7t + 3\sin 7t).$$

(3) 表 3.1 の公式 7) より

$$L^{-1}\left[\frac{1}{s^2+1}\right] = \sin t$$

だから,公式 18) を使えば

$$L^{-1}\left[\frac{2}{(s^2+1)^2}\right] = 2(\sin t) * (\sin t)$$
$$= 2\int_0^t \{\sin\tau\}\{\sin(t-\tau)\}\,dx = \sin t - t\cos t. \blacksquare$$

▶ **問題 3.9** 次の関数のラプラス逆変換を求めよ.

(1) $\dfrac{1}{s^2-3s+2}$ (2) $\dfrac{1}{s^2+2s+2}$ (3) $\dfrac{s}{s^2-9}$

(4) $\dfrac{1}{s^2-2s+1}$ (5) $\dfrac{e^{-2s}}{s}$ (6) $\dfrac{2e^{-s}}{s^2+4}$

3.5 ラプラス変換を用いる解法

★ **例題 3.11** 次の微分方程式を与えられた初期条件のもとで解け.
(1) $y'' + 6y' + 10y = 0$ ($y(0) = a$, $y'(0) = b$)
(2) $y'' + 4y = \sin t$ ($y(0) = 0$, $y'(0) = 0$)
(3) $y'' + 4y = U(t - \pi)$ ($y(0) = 0$, $y'(0) = 0$)
(4) $y'' + 4y = \delta(t)$ ($y(0) = 0$, $y'(0) = 0$)

[解] (1) $Y = \mathcal{L}[y]$ とおき,方程式をラプラス変換すると
$$(s^2Y - sa - b) + 6(sY - a) + 10Y = 0$$
だから,$(s^2 + 6s + 10)Y = as + 6a + b$. よって
$$Y = \frac{as + 6a + b}{s^2 + 6s + 10} = \frac{a(s+3)}{(s+3)^2 + 1} + \frac{3a+b}{(s+3)^2 + 1}.$$
これをラプラス逆変換して,
$$y = ae^{-3t}\cos t + (3a+b)e^{-3t}\sin t.$$

(2) $Y = \mathcal{L}[y]$ とおき,方程式をラプラス変換すると
$$s^2Y + 4Y = \frac{1}{s^2 + 1}$$
だから
$$\frac{1}{(s^2+4)(s^2+1)} = \frac{As+B}{s^2+1} + \frac{Cs+D}{s^2+4}$$
とおいて A, B, C, D を求めると,$A = 0$, $B = \frac{1}{3}$, $C = 0$, $D = -\frac{1}{3}$ となる.よって
$$Y = \frac{1}{3} \cdot \frac{1}{s^2+1} - \frac{1}{6} \cdot \frac{2}{s^2+4}$$
より,これをラプラス逆変換して,
$$y = \frac{1}{3}\sin t - \frac{1}{6}\sin 2t.$$

(3) $Y = \mathcal{L}[y]$ とおき,方程式をラプラス変換すると
$$s^2Y + 4Y = \frac{e^{-\pi s}}{s}$$
だから
$$Y = \frac{e^{-\pi s}}{s(s^2+4)} = \frac{e^{-\pi s}}{4}\left(\frac{1}{s} - \frac{s}{s^2+4}\right).$$

これをラプラス逆変換して，
$$y = \frac{U(t-\pi)}{4}(1 - \cos 2(t-\pi)).$$

(4) $Y = \mathcal{L}[y]$ とおき，方程式をラプラス変換すると
$$s^2 Y + 4Y = 1$$
だから
$$Y = \frac{1}{s^2 + 4}.$$
これをラプラス逆変換して，
$$y = \frac{1}{2}\sin 2t. \qquad \blacksquare$$

▶ **問題 3.10** 次の微分方程式を与えられた初期条件のもとで解け．(ただし，$U(t)$, $\delta(t)$ については p.48 を参照.)

(1) $y'' + 2y' + 4y = 0$ ($y(0) = 1, \ y'(0) = 0$)
(2) $y'' + 2y' + 4y = \cos 2t$ ($y(0) = 0, \ y'(0) = 0$)
(3) $y'' + 2y' + 4y = U(t-1)$ ($y(0) = 0, \ y'(0) = 0$)
(4) $y'' + 2y' + 4y = \delta(t)$ ($y(0) = 0, \ y'(0) = 0$)

3.6 連立微分方程式

x を独立変数とする n 個の未知関数を $y_1, y_2, \cdots, y_n$ とする．3.4節の記号解法で用いた微分演算子 $D = \dfrac{dy}{dx}$ の多項式を係数とする n 次正方行列を $M(D)$ とする．このとき，行列の積の形で書かれた次の微分方程式

$$M(D)\begin{pmatrix} y_1 \\ y_2 \\ \vdots \\ y_n \end{pmatrix} = \begin{pmatrix} Q_1(x) \\ Q_2(x) \\ \vdots \\ Q_n(x) \end{pmatrix} \tag{3.5}$$

を**連立定数係数線形微分方程式**という．ここで，$Q_1(x), \cdots, Q_n(x)$ は x の関数である．$M(D)$ の行列式 $|M(D)|$ が 0 でなければ (3.5) は解をもつことが知られている．

3.6 連立微分方程式

いくつかの例題をみて，その解法を考えてみよう．

★ **例題 3.12** 次の連立微分方程式を解け．
$$\begin{cases} y' + z = x \\ 4y + z' = e^x \end{cases}$$

[解] 第 1 式より $z = x - y'$ と書けるから，y がわかれば自動的に z が決まる．(第 1 式)$'$ − (第 2 式) で z を消去すると
$$y'' - 4y = 1 - e^x$$
なので，この式は 2 階定数係数線形微分方程式になる．

特性方程式
$$k^2 - 4 = 0$$
より $k = \pm 2$ なので e^{2x}, e^{-2x} が解の基本系である．特解は記号解法で
$$y = \frac{1}{D^2 - 4}(1 - e^x)$$
$$= \frac{1}{0^2 - 4}1 - \frac{1}{1^2 - 4}e^x = -\frac{1}{4} + \frac{1}{3}e^x.$$
よって
$$y = -\frac{1}{4} + \frac{1}{3}e^x + C_1 e^{2x} + C_2 e^{-2x}$$
となる．よって
$$z = x - y'$$
$$= x - \frac{1}{3}e^x - 2C_1 e^{2x} + 2C_2 e^{-2x}. \quad \blacksquare$$

例題 3.12 は
$$\begin{pmatrix} D & 1 \\ 4 & D \end{pmatrix} \begin{pmatrix} y \\ z \end{pmatrix} = \begin{pmatrix} x \\ e^x \end{pmatrix}$$
と書けるから，確かに連立定数係数線形微分方程式である．結局，未知関数を微分などによって消去し，1 つの未知関数の定数係数線形微分方程式に変形するだけであるが，以下の例題で行列との対応を少し考えてみよう．

★ 例題 3.13　次の連立微分方程式を解け.

$$\begin{cases} \dfrac{dy}{dx} + 2y + 4z = 1 + 4x \\ \dfrac{dz}{dx} + y - z = \dfrac{3}{2}x^2 \end{cases}$$

[解]　与式は行列の形で表すと

$$\begin{pmatrix} D+2 & 4 \\ 1 & D-1 \end{pmatrix} \begin{pmatrix} y \\ z \end{pmatrix} = \begin{pmatrix} 1+4x \\ \frac{3}{2}x^2 \end{pmatrix}$$

と書ける．両辺に左から行列 $\begin{pmatrix} D-1 & -4 \\ -1 & D+2 \end{pmatrix}$ をかけると

$$\begin{pmatrix} D-1 & -4 \\ -1 & D+2 \end{pmatrix} \begin{pmatrix} D+2 & 4 \\ 1 & D-1 \end{pmatrix} \begin{pmatrix} y \\ z \end{pmatrix}$$

$$= \begin{pmatrix} D-1 & -4 \\ -1 & D+2 \end{pmatrix} \begin{pmatrix} 1+4x \\ \frac{3}{2}x^2 \end{pmatrix} = \begin{pmatrix} (D-1)(1+4x) - 4\cdot\frac{3}{2}x^2 \\ -(1+4x) + (D+2)\frac{3}{2}x^2 \end{pmatrix}$$

だから，例題 3.6 のように計算して

$$\begin{pmatrix} D^2+D-6 & 0 \\ 0 & D^2+D-6 \end{pmatrix} \begin{pmatrix} y \\ z \end{pmatrix} = \begin{pmatrix} -6x^2-4x+3 \\ 3x^2-x-1 \end{pmatrix}$$

となる．2つの式のうちの一つ，例えば

$$y'' + y' - 6y = -6x^2 - 4x + 3$$

を選べば，特性方程式

$$k^2 + k - 6 = 0$$

より $k = 2, -3$ だから，e^{2x}, e^{-3x} が解の基本系であり，特解は記号解法を用いて

$$\frac{1}{D^2+D-6}(-6x^2-4x+3)$$

$$= -\frac{1}{6}\frac{1}{(1-\frac{D}{2})(1+\frac{D}{3})}(-6x^2-4x+3)$$

$$= -\frac{1}{6}\left(1+\frac{D}{2}+\frac{D^2}{4}\right)\left(1-\frac{D}{3}+\frac{D^2}{9}\right)(-6x^2-4x+3) = x^2+x$$

となる．よって，
$$y = x^2 + x + C_1 e^{2x} + C_2 e^{-3x}$$
となる．また，
$$z = \frac{1}{4}(1 + 4x - 2y - y') = -\frac{1}{2}x^2 - C_1 e^{2x} + \frac{C_2}{4}e^{-3x}.$$ ∎

♦**MEMO** 両辺に左からかけた行列 $\begin{pmatrix} D-1 & -4 \\ -1 & D+2 \end{pmatrix}$ は，行列 $\begin{pmatrix} D+2 & 4 \\ 1 & D-1 \end{pmatrix}$ の余因子行列である．一般に，行列 $\begin{pmatrix} a & b \\ c & d \end{pmatrix}$ の余因子行列は $\begin{pmatrix} d & -b \\ -c & a \end{pmatrix}$ である．また，特性方程式は $k^2 + k - 6 = 0$ であったが，これは
$$\begin{vmatrix} k+2 & 4 \\ 1 & k-1 \end{vmatrix} = k^2 + k - 6 = 0$$
である．一般に，式 (3.5) の微分方程式の場合，特性方程式は $|M(k)| = 0$ である．よって，斉次形の連立微分方程式の場合，次の例題のように容易に解くことができる．

★ **例題 3.14** 次の連立微分方程式を解け．
$$\begin{cases} \dfrac{dy}{dx} = -3y - z \\ \dfrac{dz}{dx} = y - z \end{cases}$$

［解］ 与式は行列の形で表すと
$$\begin{pmatrix} D+3 & 1 \\ -1 & D+1 \end{pmatrix} \begin{pmatrix} y \\ z \end{pmatrix} = \begin{pmatrix} 0 \\ 0 \end{pmatrix}$$
と書ける．
$$\begin{vmatrix} k+3 & 1 \\ -1 & k+1 \end{vmatrix} = k^2 + 4k + 4 = 0$$
より，特性方程式の解は $k = 2, 2$ の重解だから，e^{-2x}, xe^{-2x} が解の基本系である．よって
$$y = C_1 e^{-2x} + C_2 x e^{-2x}$$
となる．このとき
$$z = -y' - 3y = -(C_1 + C_2)e^{-2x} - C_2 x e^{-2x}.$$ ∎

♦**MEMO** 連立線形微分方程式の場合，未知関数は同じ解の基本系をもっている．例題 3.14 では，

$$y = \alpha_1 e^{-2x} + \alpha_2 x e^{-2x},$$
$$z = \beta_1 e^{-2x} + \beta_2 x e^{-2x}$$

と書けるので，もとの式に代入して

$$(\alpha_1 + \alpha_2 + \beta_1)e^{-2x} + (\alpha_2 + \beta_2)xe^{-2x} = 0,$$
$$(\alpha_1 + \beta_1 - \beta_2)e^{-2x} + (\alpha_2 + \beta_2)xe^{-2x} = 0$$

より，e^{-2x}, xe^{-2x} の一次独立性から

$$\alpha_1 + \alpha_2 + \beta_1 = 0, \quad \alpha_2 + \beta_2 = 0$$
$$\alpha_1 + \beta_1 - \beta_2 = 0, \quad \alpha_2 + \beta_2 = 0$$

より $\beta_1 = -(\alpha_1 + \alpha_2)$, $\beta_2 = -\alpha_2$ となり，同じ答えが得られる．未知関数が 3 つ以上あるときはこのように求めるのがよい．

▶ **問題 3.11** 次の連立線形微分方程式の一般解を求めよ．

(1) $\begin{cases} \dfrac{dy}{dx} = z \\ \dfrac{dz}{dx} = -y \end{cases}$
(2) $\begin{cases} \dfrac{dy}{dx} = -z \\ \dfrac{dz}{dx} = 2y + 3z \end{cases}$

(3) $\begin{cases} \dfrac{dy}{dx} + 2y + 2z = \sin x \\ \dfrac{dz}{dx} - 2y - 2z = \cos x \end{cases}$
(4) $\begin{cases} \dfrac{d^2 y}{dx^2} + 2y + 4z = e^x \\ \dfrac{d^2 z}{dx^2} - y - 3z = -x \end{cases}$

3.7 オイラー型

a, b, p_1, p_2, $\cdots$, p_n を定数として，次の線形微分方程式

$$(ax + b)^n y^{(n)} + p_1 (ax + b)^{n-1} y^{(n-1)} + \cdots + p_{n-1}(ax + b)y' + p_n y = Q(x)$$

をオイラー型の微分方程式という．これは明らかに定数係数ではないが，簡単な変数変換で定数係数に変わる．

$$ax + b = e^t$$

とおく．導関数 $y' = \dfrac{dy}{dx}$ は

$$y' = \frac{dy}{dx} = \frac{dy}{dt}\frac{dt}{dx} = ae^{-t}\frac{dy}{dt}. \quad \therefore \quad (ax+b)y' = a\frac{dy}{dt}$$

3.7 オイラー型

となる．同様に $y'' = \dfrac{d^2y}{dx^2}$ は

$$y'' = \frac{dy'}{dt}\cdot\frac{dt}{dx} = \frac{d}{dt}\left(ae^{-t}\frac{dy}{dt}\right)\cdot\frac{dt}{dx} = a^2 e^{-2t}\left(\frac{d^2y}{dt^2} - \frac{dy}{dt}\right)$$

だから

$$(ax+b)^2 y'' = a^2\left(\frac{d^2y}{dt^2} - \frac{dy}{dt}\right)$$

となる．

以下同様に $y''', \cdots$ も t についての導関数で表すことができる．結局，オイラー型の微分方程式は，変数 t についての定数係数線形微分方程式に変形される．

★ **例題 3.15** 次の微分方程式を解け．
$$(x+1)^2 y'' - 3(x+1)y' + 4y = (x+1)^3$$

[解] $x+1 = e^t$ とおけば，

$$(x+1)y' = \frac{dy}{dt}, \qquad (x+1)^2 y'' = \frac{d^2y}{dt^2} - \frac{dy}{dt}$$

なので，与式は

$$\frac{d^2y}{dt^2} - 4\frac{dy}{dt} + 4y = e^{3t}$$

となり定数係数線形微分方程式である．

ここで，特性方程式

$$k^2 - 4k + 4 = 0$$

より $k = 2, 2$ の重解なので e^{2t}, te^{2t} が解の基本系である．特解は

$$\frac{1}{D^2 - 4D + 4}e^{3t} = \frac{1}{(3-2)^2}e^{3t} = e^{3t}$$

より

$$y = e^{3t} + C_1 e^{2t} + C_2 te^{2t}$$

が一般解である．もとに戻せば

$$y = (x+1)^3 + C_1(x+1)^2 + C_2(x+1)^2 \log(x+1). \qquad \blacksquare$$

▶ 問題 **3.12** 次のオイラー型の微分方程式の一般解を求めよ.

(1) $x^2 y'' + 3xy' + y = 0$ (2) $x^2 y'' - 4xy' + 6y = 2x$

(3) $x^2 y'' + xy' + y = 1$ (4) $(3x+2)y'' + 7y' = 0$

3.8 章末問題

1. 次の線形微分方程式の一般解を求めよ.

(1) $y'' - y' - 2y = 0$ (2) $y'' + 2y' + 5y = 0$

(3) $4y'' - 4y' + y = 0$ (4) $y''' - y'' - 2y' = 0$

(5) $y^{(4)} - 4y = 0$ (6) $y^{(4)} + 4y = 0$

2. 次の微分方程式の安定性を調べよ.

(1) $y'' - y' + 6y = 0$ (2) $y'' + 2y' + 5y = 0$

(3) $y''' + y'' + y' + 2y = 0$ (4) $y''' + 2y'' + y' + y = 0$

3. 次の計算をせよ.

(1) $\dfrac{1}{D+1} x^2$ (2) $\dfrac{2}{D-1} \cos x$

(3) $\dfrac{2}{D^2-1} e^x$ (4) $\dfrac{8}{(D^2-1)^2} e^x$

(5) $\dfrac{2}{D^3+D}(x+e^x)$ (6) $\dfrac{1}{D^2+D-6}(e^{2x}+3)^2$

4. 次の線形微分方程式の一般解を記号解法で求めよ.

(1) $y'' + y' - 6y = 6e^{-x}$ (2) $y'' + y' - 6y = 5xe^{2x}$

(3) $y'' - 4y' + 4y = 8\sin 2x$ (4) $y''' + y'' - 2y = 2x$

(5) $y^{(4)} + 5y'' + 4y = -6\sin x$ (6) $y^{(4)} + 5y'' + 4y = 8x^2$

5. 次の関数のラプラス逆変換を求めよ.

(1) $\dfrac{1}{s^2+2s+5}$ (2) $\dfrac{s}{s^2+2s+5}$ (3) $\dfrac{s+3}{s^2+2s+5}$

(4) $\dfrac{1}{s^2+2s-3}$ (5) $\dfrac{s}{s^2+2s-3}$ (6) $\dfrac{s+5}{s^2+2s-3}$

6. 次の微分方程式を初期条件 $y(0) = y'(0) = 0$ のもとで, ラプラス変換を用いて解け ($\delta(t)$, $U(t)$ については p.48 を参照).

(1) $y'' + y' + y = \delta(t)$ (2) $y'' + y' + y = U(t)$ (3) $y'' + y' + y = \sin t$

7. 次の連立線形微分方程式の一般解を求めよ．

(1) $\begin{cases} y_1' + y_2 = 3e^x \\ y_2' - y_1 = e^x \end{cases}$

(2) $\begin{cases} y_1' = 4y_1 - 9y_2 + 5y_3 \\ y_2' = y_1 - 10y_2 + 7y_3 \\ y_3' = y_1 - 17y_2 + 12y_3 \end{cases}$

(3) $\begin{cases} y_1'' - y_2'' + y_1 - y_2 = x - 1 \\ 2y_1' - y_2' - y_2 = 1 \end{cases}$

(4) $\begin{cases} 2y_1' + 3y_1 + y_2'' = 3x + 7 \\ y_1' + y_2' = 2x + 1 \end{cases}$

4

ベキ級数法

関数 $y = f(x)$ は $x = a$ の近くで無限回微分可能とする．このとき，$f(x)$ はテーラー級数に展開できて

$$f(x) = A_0 + A_1(x-a) + A_2(x-a)^2 + A_3(x-a)^3 + \cdots \quad (4.1)$$

と書ける．ここで

$$A_0 = f(a),\ A_1 = \frac{f'(a)}{1!},\ A_2 = \frac{f''(a)}{2!},\ A_3 = \frac{f'''(a)}{3!},\ \cdots$$

である．また，式 (4.1) の右辺は無限級数であるが，その部分和

$$A_0 + A_1(x-a) + A_2(x-a)^2 + \cdots + A_n(x-a)^n$$

は $f(x)$ の近似式であり，n 次のテーラー近似とよばれる．

この章では，微分方程式から直接，その解のテーラー級数を求める方法を考えてみる．求積法で求めにくいものや，解が初等関数で書けない微分方程式について強力な方法といえる．基本は，数列 $A_0, A_1, A_2, \cdots$ の漸化式を求めることである．

♦**MEMO** ベキ級数

$$f(x) = \sum_{n=0}^{\infty} A_n x^n$$

について等号が成立するのは，当然，収束範囲内 $-R < x < R$ である．ここで R は**収束半径**とよばれ，その求め方は**ダランベールの公式**

$$R = \lim_{n \to \infty} \left| \frac{A_n}{A_{n+1}} \right|$$

などがある．なお，収束半径内では，加法・乗法・**項別微分**・**項別積分**などができる．詳しくは，微積分の教科書等を参照してほしい．

4.1 1階正規形

1.2節の最後にふれたが，1階正規形の微分方程式
$$\frac{dy}{dx} = f(x, y)$$
は，ある条件をみたせば一般解をもつ．いま $a = 0$ として，初期条件 $x = 0, y = b$ をみたす解を求めてみよう．

解が
$$y = \sum_{n=0}^{\infty} A_n x^n$$
$$= A_0 + A_1 x + A_2 x^2 + A_3 x^3 + \cdots$$
と表されていると仮定すると，$A_0 = b$ であり，これを与えられた微分方程式に代入し，両辺の比較により計算すると，漸化式が求まるから，数列 $\{A_n\}$ は帰納的に決まることになる．

★ **例題 4.1** 次の微分方程式をベキ級数法で解け．
$$y' = y - x^2, \qquad y(0) = b$$

［解］ 求める解を
$$y = \sum_{n=0}^{\infty} A_n x^n$$
$$= A_0 + A_1 x + A_2 x^2 + A_3 x^3 + \cdots$$
と仮定すると，$A_0 = b$ であり，項別微分して
$$y' = \sum_{n=0}^{\infty} n A_n x^{n-1}$$
$$= \sum_{n=0}^{\infty} (n+1) A_{n+1} x^n$$
$$= A_1 + 2A_2 x + 3A_3 x^2 + \cdots$$
だから，もとの方程式に代入すると
$$y' - y = \sum_{n=0}^{\infty} \{(n+1) A_{n+1} - A_n\} x^n$$
$$= -x^2$$

であり，この式はすべての x で成立するので，両辺を比較すると

$$A_1 - A_0 = 0 \quad \text{より} \quad A_1 = A_0 = b$$
$$2A_2 - A_1 = 0 \quad \text{より} \quad A_2 = \frac{A_1}{2} = \frac{b}{2}$$
$$3A_3 - A_2 = -1 \quad \text{より} \quad A_3 = \frac{b}{6} - \frac{1}{3}$$
$$4A_4 - A_3 = 0 \quad \text{より} \quad A_4 = \frac{b}{24} - \frac{1}{12}$$
$$\cdots$$
$$nA_n - A_{n-1} = 0 \quad \text{より} \quad A_n = \frac{1}{n}A_{n-1} = \frac{b-2}{n!} \quad (n \geq 4)$$

最後の式は漸化式で後続の係数を求めるのに用いる．

求めた $A_0, A_1, A_2, \cdots$ をもとに戻せば

$$y = b + bx + \frac{b}{2}x^2 + \left(\frac{b}{6} - \frac{1}{3}\right)x^3 + \left(\frac{b}{24} - \frac{1}{12}\right)x^4 + \cdots$$
$$+ \frac{1}{n!}(b-2)x^n + \cdots$$
$$= (b-2)\left(1 + x + \frac{1}{2!}x^2 + \frac{1}{3!}x^3 + \cdots\right) + x^2 + 2x + 2$$
$$= (b-2)\sum_{n=0}^{\infty}\frac{x^n}{n!} + x^2 + 2x + 2. \blacksquare$$

♦**MEMO** 微分方程式 $y' = y - x^2$ は1階線形であり，求積法により

$$y = x^2 + 2x + 2 + Ce^x$$

が一般解となることがわかる．初期条件により $b = 2 + C$ なので

$$y = x^2 + 2x + 2 + (b-2)e^x \tag{4.2}$$

が求める解である．したがって，例題 4.1 で求めた解は式 (4.2) のマクローリン級数になっている．

♦**MEMO** ベキ級数法で求めた級数を初等関数で表示する必要はないが，代表的な関数の**マクローリン級数**を知っておくと便利である．例をいくつかあげておく．次頁の表 4.1 をみてほしい．

次に，$a \neq 0$ として，初期条件 $y(a) = b$ があるときなど，$x = 0$ 以外の中心で考える場合，$(x-a)$ のベキ級数とする必要がある．この場合，$t = x - a$ と変数変換すると $\dfrac{dy}{dx} = \dfrac{dy}{dt}$ であり，t のベキ級数，すなわち $t = 0$ を中心として解くことができる．

4.1 1階正規形

表 4.1 マクローリン級数の公式

$$\frac{1}{1-x} = \sum_{n=0}^{\infty} x^n = 1 + x + x^2 + x^3 + \cdots$$

$$e^x = \sum_{n=0}^{\infty} \frac{1}{n!} x^n = 1 + x + \frac{1}{2!}x^2 + \frac{1}{3!}x^3 + \cdots$$

$$\sin x = \sum_{n=0}^{\infty} \frac{(-1)^n}{(2n+1)!} x^{2n+1} = x - \frac{1}{3!}x^3 + \frac{1}{5!}x^5 - \cdots$$

$$\cos x = \sum_{n=0}^{\infty} \frac{(-1)^n}{(2n)!} x^{2n} = 1 - \frac{1}{2!}x^2 + \frac{1}{4!}x^4 - \cdots$$

★ **例題 4.2** 次の微分方程式をベキ級数法で解け.
$$y' = y - (x-1)^2, \qquad y(1) = b$$

［解］ $t = x - 1$ とおくと，$y' = \dfrac{dy}{dt}$ より

$$\frac{dy}{dt} = y - t^2, \quad y(0) = b$$

となる．これは，例題 4.1 より

$$y = (b-2)\left(1 + t + \frac{1}{2!}t^2 + \frac{1}{3!}t^3 + \cdots\right) + t^2 + 2t + 2$$

が一般解である．よって，x に戻せば

$$y = (b-2)\sum_{n=0}^{\infty} \frac{1}{n!}(x-1)^n + (x-1)^2 + 2(x-1) + 2.$$ ∎

▶ **問題 4.1** 次の微分方程式をベキ級数法で解け.

(1) $y' = 2xy$, $\qquad y(0) = C$

(2) $y' = 2x(y-1)$, $\qquad y(0) = C + 1$

(3) $(2y - xy + 1)y' = y$, $\quad y(2) = 1$

次の例題のように，n 階の微分係数を求めて解く方法もある．

★ **例題 4.3** 次の微分方程式をベキ級数法で解け.
$$y' = y + x, \qquad y(0) = 1$$

[解] 求める解を $y = \sum_{n=0}^{\infty} \dfrac{y^{(n)}(0)}{n!} x^n$ とおく. $y' = y + x$ より

$$y'' = y' + 1, \ y''' = y'', \ \cdots, \ y^{(n+1)} = y^{(n)} \ (n \geqq 2)$$

だから, $x = 0$ を代入すると, $y(0) = 1$ より

$$y'(0) = 1, \ y''(0) = 2, \ y'''(0) = 2, \ \cdots, \ y^{(n)}(0) = 2 \ (n \geqq 3)$$

となる. したがって

$$y = 1 + x + \frac{2}{2!}x^2 + \frac{2}{3!}x^3 + \cdots$$
$$= 2\left(1 + x + \frac{1}{2!}x^2 + \frac{1}{3!}x^3 + \cdots\right) - 1 - x$$
$$= 2e^x - 1 - x.$$ ■

▶ **問題 4.2** 次の微分方程式をベキ級数法で解け.
(1) $y' = y + x^2, \qquad y(0) = -2$
(2) $y' = 2y + x - 1, \qquad y(1) = 1$
(3) $y' = x^2 - y^2, \qquad y(0) = 0$

4.2 2階変数係数線形微分方程式

$P_0(x), P_1(x), P_2(x)$ を x の関数とする. 次の形の微分方程式

$$P_0(x) \frac{d^2 y}{dx^2} + P_1(x) \frac{dy}{dx} + P_2(x) y = 0$$

は2階変数係数線形微分方程式であり, 斉次形でもあるから, 2.13節より一般解は, 解の基本系 $f_1(x), f_2(x)$ を用いて

$$y = C_1 f_1(x) + C_2 f_2(x)$$

の形で書ける. しかしながら, 3章の定数係数のように, 容易に解の基本系を求めることができない. このとき, ベキ級数法はその解決に役に立つ.

4.2 2階変数係数線形微分方程式

もし, $P_1(a)$, $P_2(a)$ が値をもち, $P_0(a) \neq 0$ ならば, 点 $x = a$ はこの微分方程式の**通常点**であるといい, $P_0(a) = 0$ ならば, 点 $x = a$ は**特異点**であるという. $x = 0$ が中心でなければ, 例題 4.2 のように変数変換 $t = x - a$ をすれば $t = 0$ を中心にできるので, 以下, $x = 0$ を中心のベキ級数, すなわち x のベキ級数を考えることにする.

このとき, $x = 0$ が通常点の場合

$$y = \sum_{n=0}^{\infty} A_n x^n = A_0 + A_1 x + A_2 x^2 + A_3 x^3 + \cdots$$

とおき, 前節と同様に求めた漸化式において

$$A_0 = 1, \ A_1 = 0 \ \text{としたものを} \ f_1(x),$$
$$A_0 = 0, \ A_1 = 1 \ \text{としたものを} \ f_2(x)$$

とすれば, $f_1(x)$, $f_2(x)$ が解の基本系である.

★ **例題 4.4** 次の微分方程式を x のベキ級数で解け.
$$(x^2 + 1)y'' + xy' - y = 0$$

［解］ $x = 0$ は通常点であるから

$$y = \sum_{n=0}^{\infty} A_n x^n = A_0 + A_1 x + A_2 x^2 + A_3 x^3 + \cdots$$

とおく. 項別微分して

$$y' = \sum_{n=0}^{\infty} n A_n x^{n-1},$$
$$y'' = \sum_{n=0}^{\infty} n(n-1) A_n x^{n-2} = \sum_{n=0}^{\infty} (n+1)(n+2) A_{n+2} x^n$$

だから, 与えられた微分方程式に代入して

$$x^2 y'' + y'' + xy' - y$$
$$= x^2 \sum_{n=0}^{\infty} n(n-1) A_n x^{n-2} + \sum_{n=0}^{\infty} (n+1)(n+2) A_{n+2} x^n$$
$$\quad + x \sum_{n=0}^{\infty} n A_n x^{n-1} - \sum_{n=0}^{\infty} A_n x^n$$
$$= \sum_{n=0}^{\infty} \left\{ (n+1)(n+2) A_{n+2} + (n^2 - 1) A_n \right\} x^n = 0$$

となる．両辺を比較して，数列 $\{A_n\}$ の漸化式

$$A_{n+2} = -\frac{n-1}{n+2}A_n \qquad (n = 0, 1, 2, \cdots) \tag{4.3}$$

が得られる．$A_0 = 1, A_1 = 0$ とおくと

$$A_2 = \frac{1}{2},\ A_3 = 0,\ A_4 = -\frac{1}{8},\ A_5 = 0,\ A_6 = \frac{1}{16},\ A_7 = 0,\ \cdots$$

となる．一般に

$$\begin{cases} A_{2m} = (-1)^{m-1}\dfrac{1\cdot 3\cdot 5\cdots(2m-3)}{2^m\cdot m!} & (m = 2, 3, 4, \cdots) \\ A_{2m-1} = 0 & (m = 1, 2, 3, \cdots) \end{cases}$$

である．よって

$$f_1(x) = 1 + \frac{1}{2}x^2 + \sum_{m=2}^{\infty}(-1)^{m-1}\frac{1\cdot 3\cdot 5\cdots(2m-3)}{2^m\cdot m!}x^{2m}$$

となる．

解の基本系のもう一つは，$A_0 = 0,\ A_1 = 1$ とおくと式 (4.3) より，$n \geqq 2$ に対して $A_n = 0$ となるから $f_2(x) = x$ である．

よって求める一般解は

$$y = C_1\left(1 + \frac{1}{2}x^2 + \sum_{m=2}^{\infty}(-1)^{m-1}\frac{1\cdot 3\cdot 5\cdots(2m-3)}{2^m\cdot m!}x^{2m}\right) + C_2 x$$

である． ∎

▶ 問題 4.3 次の微分方程式を x のベキ級数法で解け．
(1) $y'' - 2xy' + 2y = 0$
(2) $y'' + xy' + y = 0$

4.3 確定特異点

$x = 0$ が特異点の場合，微分方程式を

$$x^2 y'' + xR_1(x)y' + R_2(x)y = 0$$

の形に変形する．このとき $R_1(x),\ R_2(x)$ がマクローリン級数に展開できるとき，$x = 0$ は**確定特異点**であるとよばれる．確定特異点の場合，次のように解の基本系を求めることができる．($x = a \neq 0$ が特異点の場合，前節と同様に $t = x - a$ とおき換える．)

4.3 確定特異点

まず，**決定方程式**とよばれる次の λ の 2 次方程式を解く．

$$\lambda(\lambda - 1) + R_1(0)\lambda + R_2(0) = 0$$

この決定方程式の 2 つの解のうち，大きい解 (重解や複素数解の場合はどちらでもよい) を α，もう一つの解を β とおく．このとき

$$f_1(x) = x^\alpha \sum_{n=0}^\infty A_n x^n, \quad A_0 = 1$$

が解であることが知られている．もう一つの解は，次の場合分けによって形が異なる．

(a) 2 つの解が異なるが，その差が整数でない場合 (複素数解も含む) は

$$f_2(x) = x^\beta \sum_{n=0}^\infty B_n x^n, \quad B_0 = 1,$$

(b) 重解の場合は

$$f_2(x) = f_1(x) \log|x| + x^\alpha \sum_{n=0}^\infty B_n x^n, \quad B_0 = 0,$$

(c) 2 つの解が異なるが，その差が整数の場合は

$$f_2(x) = B_{-1} f_1(x) \log|x| + x^\beta \sum_{n=0}^\infty B_n x^n, \quad B_0 = 1, B_{\alpha-\beta} = 0$$

で与えられる．

それぞれ，例題 4.5, 4.6, 4.7 をみてほしい．

★ **例題 4.5** 次の微分方程式を x のベキ級数で解け．
$$x^2 y'' + x \left(\frac{3}{2} - x \right) y' - \frac{3x}{2} y = 0$$

[解] この方程式は 2 階変数係数線形の斉次形で，$x = 0$ は確定特異点である．

$$R_1(x) = \frac{3}{2} - x, \quad R_2(x) = \frac{3x}{2}$$

より，決定方程式は

$$\lambda(\lambda - 1) + R_1(0)\lambda + R_2(0) = \lambda \left(\lambda + \frac{1}{2} \right) = 0$$

だから，$\lambda = 0, -\frac{1}{2}$ である．よって 2 つの解が異なり，整数差になっていないので，解の基本系は

$$f_1(x) = \sum_{n=0}^{\infty} A_n x^n, \qquad f_2(x) = x^{-\frac{1}{2}} \sum_{n=0}^{\infty} B_n x^n$$

の形をしている．ここで $A_0 = 1$, $B_0 = 1$ である．

まず，$f_1(x)$ を求める．項別微分すると

$$f_1'(x) = \sum_{n=0}^{\infty} n A_n x^{n-1} = \sum_{n=0}^{\infty} (n+1) A_{n+1} x^n,$$

$$f_1''(x) = \sum_{n=0}^{\infty} n(n+1) A_{n+1} x^{n-1}$$

であるから

$$2x f_1''(x) + 3 f_1'(x) - 2x f_1'(x) - 3 f_1(x)$$
$$= \sum_{n=0}^{\infty} \{2n(n+1) A_{n+1} + 3(n+1) A_{n+1} - 2n A_n - 3 A_n\} x^n = 0$$

より，両辺を比較すれば，数列 $\{A_n\}$ は漸化式

$$A_{n+1} = \frac{1}{n+1} A_n \qquad (n = 0, 1, 2, 3, \cdots)$$

をみたすことがわかる．よって，$A_0 = 1$ なので，数列 $\{A_n\}$ の一般項は $A_n = \dfrac{1}{n!}$ である．したがって

$$f_1(x) = \sum_{n=0}^{\infty} \frac{1}{n!} x^n$$
$$= 1 + x + \frac{1}{2!} x^2 + \frac{1}{3!} x^3 + \cdots = e^x$$

となる．

次に $f_2(x)$ を求める．項別微分すると

$$f_2'(x) = \sum_{n=0}^{\infty} \left(n - \frac{1}{2}\right) B_n x^{n-\frac{3}{2}} = \sum_{n=0}^{\infty} \left(n + \frac{1}{2}\right) B_{n+1} x^{n-\frac{1}{2}},$$

$$f_2''(x) = \sum_{n=0}^{\infty} \left(n - \frac{1}{2}\right) \left(n + \frac{1}{2}\right) B_{n+1} x^{n-\frac{3}{2}}$$

だから，

$$2x f_2''(x) + 3 f_2'(x) - 2x f_2'(x) - 3 f_2(x)$$
$$= \sum_{n=0}^{\infty} \left\{ 2 \left(n - \frac{1}{2}\right) \left(n + \frac{1}{2}\right) B_{n+1} + 3 \left(n + \frac{1}{2}\right) B_{n+1} \right.$$
$$\left. - 2 \left(n - \frac{1}{2}\right) B_n - 3 B_n \right\} x^{n-\frac{1}{2}} = 0$$

4.3 確定特異点

より，両辺を比較すれば，数列 $\{B_n\}$ は漸化式

$$B_{n+1} = \frac{2}{2n+1} B_n \qquad (n = 0, 1, 2, 3, \cdots)$$

をみたすことがわかる．$B_0 = 1$ より

$$B_1 = 2,\ B_2 = \frac{2^2}{1 \cdot 3},\ B_3 = \frac{2^3}{1 \cdot 3 \cdot 5},\ \cdots$$

だから，

$$f_2(x) = \frac{1}{\sqrt{x}} \left(1 + 2x + \frac{2^2}{1 \cdot 3} x^2 + \frac{2^3}{1 \cdot 3 \cdot 5} x^3 + \cdots \right)$$

となる．

以上によって，求める一般解は

$$y = C_1 e^x + \frac{C_2}{\sqrt{x}} \left(1 + 2x + \frac{2^2}{1 \cdot 3} x^2 + \frac{2^3}{1 \cdot 3 \cdot 5} x^3 + \cdots \right)$$

となる． ∎

★ 例題 4.6 次の微分方程式を x のベキ級数で解け．

$$x^2 y'' + xy' + \frac{x}{2} y = 0$$

[解] この方程式は 2 階変数係数線形の斉次形で，$x = 0$ は確定特異点である．$R_1(x) = 1$, $R_2(x) = \dfrac{x}{2}$ より，決定方程式は

$$\lambda(\lambda - 1) + R_1(0)\lambda + R_2(0) = \lambda^2 = 0$$

だから，$\lambda = 0$, 0 の重解である．よって，解の基本系は

$$f_1(x) = \sum_{n=0}^{\infty} A_n x^n,$$

$$f_2(x) = f_1(x) \log |x| + \sum_{n=0}^{\infty} B_n x^n$$

の形をしている．ここで $A_0 = 1$, $B_0 = 0$ である．

まず，$f_1(x)$ を求める．項別微分すると

$$f_1'(x) = \sum_{n=1}^{\infty} n A_n x^{n-1}, \qquad f_1''(x) = \sum_{n=1}^{\infty} n(n-1) A_n x^{n-2}$$

であり，$x \sum\limits_{n=0}^{\infty} A_n x^n = \sum\limits_{n=1}^{\infty} A_{n-1} x^n$ だから

$$x^2 f_1''(x) + x f_1'(x) + \frac{x}{2} f_1(x)$$
$$= \sum_{n=1}^{\infty} \left\{ n(n-1)A_n + nA_n + \frac{1}{2} A_{n-1} \right\} x^n = 0$$

より，両辺を比較すれば，数列 $\{A_n\}$ は漸化式

$$A_n = -\frac{1}{2n^2} A_{n-1} \qquad (n = 1, 2, 3, \cdots)$$

をみたすことがわかる．よって，$A_0 = 1$ なので数列 $\{A_n\}$ の一般項は $A_n = \dfrac{(-1)^n}{2^n (n!)^2}$ である．したがって

$$f_1(x) = \sum_{n=0}^{\infty} \frac{(-1)^n}{2^n (n!)^2} x^n$$
$$= 1 - \frac{1}{2}x + \frac{1}{16}x^2 - \frac{1}{288}x^3 + \cdots$$

となる．

次に $f_2(x)$ を求める．項別微分すると

$$f_2'(x) = f_1'(x) \log|x| + \frac{f_1(x)}{x} + \sum_{n=0}^{\infty} n B_n x^{n-1},$$
$$f_2''(x) = f_1''(x) \log|x| + 2\frac{f_1'(x)}{x} - \frac{f_1(x)}{x^2} + \sum_{n=0}^{\infty} n(n-1) B_n x^{n-2}$$

だから

$$x^2 f_2''(x) + x f_2'(x) + \frac{x}{2} f_2(x)$$
$$= 2x f_1(x) + \sum_{n=1}^{\infty} \left\{ n(n-1)B_n + nB_n + \frac{1}{2} B_{n-1} \right\} x^n$$
$$= \sum_{n=1}^{\infty} \left\{ n(n-1)B_n + nB_n + \frac{1}{2} B_{n-1} + \frac{(-1)^n n}{2^{n-1} (n!)^2} \right\} x^n$$

より，両辺を比較すれば，数列 $\{B_n\}$ は漸化式

$$B_n = -\frac{1}{2n^2} B_{n-1} - \frac{(-1)^n}{2^{n-1} n (n!)^2} \qquad (n = 1, 2, 3, \cdots)$$

をみたすことがわかる．数列 $\{B_n\}$ の一般項はわからないが，初めの数項は，$B_0 = 0$ より

$$B_1 = 1, \ B_2 = -\frac{3}{16}, \ B_3 = \frac{11}{864}, \ \cdots$$

となる．近似に必要な項まで計算すればよい．

4.3 確定特異点

以上によって,求める一般解は

$$y = C_1 \sum_{n=0}^{\infty} \frac{(-1)^n}{2^n(n!)^2} x^n$$
$$+ C_2 \left(\log|x| \sum_{n=0}^{\infty} \frac{(-1)^n}{2^n(n!)^2} x^n + x - \frac{3}{16}x^2 + \frac{11}{864}x^3 + \cdots \right)$$

となる. ∎

★ **例題 4.7** 次の微分方程式を x のベキ級数で解け.

$$(x - x^2)y'' - 3y' + 2y = 0$$

[解] この方程式は

$$x^2 y'' + x\frac{3}{x-1} y' + \frac{2x}{1-x} y = 0$$

と変形でき,

$$R_1(x) = \frac{3}{x-1}, \qquad R_2(x) = \frac{2x}{1-x}$$

は $x = 0$ でマクローリン展開できるので,$x = 0$ は確定特異点である. 決定方程式は

$$\lambda(\lambda - 1) + R_1(0)\lambda + R_2(0) = \lambda(\lambda - 4) = 0$$

だから,$\lambda = 4, 0$ である. 2つの解が異なり,整数差になっているので,解の基本系は

$$f_1(x) = x^4 \sum_{n=0}^{\infty} A_n x^n,$$
$$f_2(x) = B_{-1} f_1(x) \log|x| + \sum_{n=0}^{\infty} B_n x^n$$

の形をしている. ここで $A_0 = 1, B_0 = 1, B_4 = 0$ である.

まず,$f_1(x)$ を求める. 項別微分すると

$$f_1'(x) = \sum_{n=0}^{\infty} (n+4)A_n x^{n+3}$$
$$= 4x^3 + \sum_{n=0}^{\infty} (n+5)A_{n+1} x^{n+4},$$
$$f_1''(x) = \sum_{n=0}^{\infty} (n+4)(n+3)A_n x^{n+2}$$
$$= 12x^2 + \sum_{n=0}^{\infty} (n+5)(n+4)A_{n+1} x^{n+3}$$

であるから，与式に代入して計算すると

$$xf_1''(x) - x^2 f_1''(x) - 3f_1'(x) + 2f_1(x)$$
$$= \sum_{n=0}^{\infty} \{(n+5)(n+1)A_{n+1} - (n+5)(n+2)A_n\} x^{n+4} = 0$$

より，両辺を比較すれば，数列 $\{A_n\}$ は漸化式

$$A_{n+1} = \frac{n+2}{n+1} A_n \qquad (n = 0, 1, 2, \cdots)$$

をみたすことがわかる．よって，$A_0 = 1$ なので，数列 $\{A_n\}$ の一般項は $A_n = n+1$ である．したがって

$$f_1(x) = x^4 \sum_{n=0}^{\infty} (n+1)x^n = x^4(1 + 2x + 3x^2 + 4x^3 + \cdots) \qquad (4.4)$$

となる．

次に $f_2(x)$ を求める．例題 4.6 のときと同様に，単純だが非常に面倒な計算によって，数列 $\{B_n\}$ は漸化式

$$(n-3)B_{n+1} = (n-2)B_n - B_{-1} \qquad (n = 0, 1, 2, \cdots)$$

をみたすことがわかる．$B_0 = 1, B_4 = 0$ より

$$B_{-1} = 0, \; B_1 = \frac{2}{3}, \; B_2 = \frac{1}{3}, \; B_3 = 0, \; B_n = 0 \; (n \geq 5)$$

となるから，

$$f_2(x) = 1 + \frac{2}{3}x + \frac{1}{3}x^2$$

である．

以上によって，求める一般解は

$$y = C_1 x^4 \sum_{n=0}^{\infty} (n+1)x^n + C_2 \left(1 + \frac{2}{3}x + \frac{1}{3}x^2\right) \qquad (4.5)$$

となる． ∎

♦**MEMO** 解の基本系の 1 つ $f_1(x)$ が明確にわかっているとき，2.14 節の方法を用いてもう一つの解 $f_2(x)$ を積分によって求めることも可能である．一般に，2 階線形微分方程式

$$y'' + P_1(x)y' + P_2(x)y = 0$$

の解の 1 つが $f_1(x)$ のとき，もう一つの解は

$$f_2(x) = \left(\int \frac{\exp(-\int P_1(x)\,dx)}{(f_1(x))^2} \, dx \right) \cdot f_1(x)$$

4.4 特殊関数

で与えられる．ただし，log の中の絶対値はなし，不定積分における積分定数は 0 である．

例えば例題 4.7 の場合，$\dfrac{1}{1-x} = \sum_{n=0}^{\infty} x^n$ を項別微分すると

$$\left(\frac{1}{1-x}\right)' = \frac{1}{(1-x)^2} = \sum_{n=0}^{\infty} nx^{n-1} = \sum_{n=0}^{\infty} (n+1)x^n$$

より，式 (4.4) は

$$f_1(x) = \frac{x^4}{(1-x)^2}$$

と明確に表示できる．よって，$P_1(x) = \dfrac{3}{x(x-1)}$ より

$$\exp\left(-\int \frac{3}{x(x-1)}\,dx\right) = \exp\left(\log\left(\frac{x-1}{x}\right)^{-3}\right) = \frac{x^3}{(x-1)^3}$$

だから

$$\int \frac{\frac{x^3}{(x-1)^3}}{\left(\frac{x^4}{(x-1)^2}\right)^2}\,dx = \int \frac{x-1}{x^5}\,dx = -\frac{4x-3}{12x^4}$$

となり，求める一般解は

$$y = \left(D_1 - D_2 \frac{4x-3}{12x^4}\right) \frac{x^4}{(x-1)^2}$$

となる．ここで，$D_1 = C_1 + \dfrac{C_2}{3}$, $D_2 = 4C_2$ と置き換えると式 (4.5) と同じ形になる．

▶ **問題 4.4** 次の微分方程式を x のベキ級数法で解け．
 (1) $4xy'' + 2y' + y = 0$ (2) $x^2 y'' - xy' + (x+1)y = 0$
 (3) $xy'' + 2y' + xy = 0$ (4) $x^2 y'' - xy' - 3y = 0$

4.4 特殊関数

この節で扱う 3 つの微分方程式は，ベキ級数法で解くことができる．その解は，いろいろな分野で現れる重要な関数であり，多くの興味深い性質をもっている．

(A) ルジャンドルの方程式

n を定数として，次の線形微分方程式

$$(1-x^2)y'' - 2x\,y' + n(n+1)\,y = 0$$

は，ルジャンドルの微分方程式とよばれる．$x=0$ は通常点で，4.2 節の方法

で解くことができる. n が 0 または正の整数のとき,解の基本系のうちの一方は必ず多項式となることが知られている. それは

$$P_n(x) = \sum_{k=0}^{[n/2]} \frac{(-1)^k (2n-2k)!}{2^n k!(n-k)!(n-2k)!} x^{n-2k}$$

で与えられ, **ルジャンドル多項式**とよばれる. ここで, $[n/2]$ は $n/2$ 以下の最大の整数を表す. すなわち, $n = 9$ ならば $[n/2] = 4$ で, $n = 10$ ならば $[n/2] = 5$ である.

ルジャンドル多項式は次のような性質をもっている.

(a) $P_n(x) = \dfrac{1}{2^n n!} \dfrac{d^n}{dx^n}(x^2-1)^n$ (ロドリーグの公式)

(b) $\displaystyle\int_{-1}^{1} P_m(x) P_n(x)\, dx = 0 \quad (m \neq n)$

(c) $P_n(-x) = (-1)^n P_n(x)$

(d) $P_n'(x) = x P_{n-1}'(x) + n P_{n-1}(x)$

▶ **問題 4.5** 次の問いに答えよ.
 (1) $n = 0, 1, 2, 3$ に対して, $P_n(x)$ を求めよ.
 (2) $f(x) = x^3 + x^2 + x + 1$ をいくつかのルジャンドル多項式の 1 次結合で表せ.

(B) ベッセルの方程式

$a \geqq 0$ として, 次の線形微分方程式

$$x^2 y'' + x y' + (x^2 - a^2) y = 0$$

は, **ベッセルの微分方程式**とよばれる. $x = 0$ は確定特異点で, 4.3 節の方法で解くことができる. 決定方程式は $\lambda^2 = a^2$ となり, 大きいほうの $\lambda = a$ に対応する解

$$J_a(x) = \sum_{k=0}^{\infty} \frac{(-1)^k}{k!\, \Gamma(a+k+1)} \left(\frac{x}{2}\right)^{2k+a}$$

を**ベッセル関数**とよぶ. ここで $\Gamma(s)$ はガンマ関数で

$$\Gamma(s) = \int_0^{\infty} e^{-x} x^{s-1}\, dx$$

で定義される. ガンマ関数は

$$\Gamma(s+1) = s\Gamma(s) \qquad (s > 1)$$

という性質をもち，$\Gamma(1) = 1$ より s が自然数であれば
$$\Gamma(s+1) = s!$$
である．

ベッセル関数は次のような性質をもっている．

(a) $(x^k \cdot J_k(x))' = x^k J_{k-1}(x)$

(b) $J_{k-1}(x) - J_{k+1}(x) = 2(J_k(x))'$ (k は自然数)

(c) $J_{k-1}(x) + J_{k+1}(x) = 2k\dfrac{J_k(x)}{x}$ (k は自然数)

▶ **問題 4.6** 次の問いに答えよ．
(1) $J_0(x)$, $J_1(x)$ をガンマ関数を用いない形の無限級数で表せ．
(2) $(J_0(x))' = -J_1(x)$ を示せ．

(C) ガウスの方程式

a, b, c を定数として，次の線形微分方程式
$$x(x-1)\,y'' + \{(a+b+1)x - c\}\,y' + ab\,y = 0$$
は，**ガウスの微分方程式**とよばれる．$x = 0$ は確定特異点で，4.3 節の方法で解くことができる．決定方程式は $\lambda^2 - (1-c)\lambda = 0$ となり，$\lambda = 0$ に対応する解
$$\begin{aligned}F(a,b,c,x) &= 1 + \sum_{k=1}^{\infty} \frac{(a)_k (b)_k}{(1)_k (c)_k}\, x^k \\ &= 1 + \frac{ab}{c}\,x + \frac{a(a+1)b(b+1)}{2c(c+1)}\,x^2 + \cdots\end{aligned}$$
を**超幾何関数**とよぶ．ここで，
$$(m)_n = m(m+1)(m+2)\cdots(m+n-1)$$
であり，$(1)_k = k!$ である．

$c \neq 1$ ならば，ガウスの微分方程式の一般解は
$$y = C_1\, F(a,b,c,x) + C_2\, x^{1-c} F(a-c+1, b-c+1, 2-c, x)$$
で与えられる．

超幾何関数は次のような性質をもっている．

(a) $F(a,b,c,x) = F(b,a,c,x)$

(b) $(b-a)F(a,b,c,x) = aF(a+1,b,c,x) + bF(a,b+1,c,x)$

(c) $F(a,b,b,x) = (1-x)^{-a}$

(d) $xF(1,1,2,x) = \log(1-x)$

(e) $xF\left(\dfrac{1}{2}, \dfrac{1}{2}, \dfrac{3}{2}, x^2\right) = \sin^{-1} x$

(f) $xF\left(1, \dfrac{1}{2}, \dfrac{3}{2}, x^2\right) = -\tan^{-1} x$

★ 例題 **4.8** 次の微分方程式の一般解を求めよ．
$$4x(x-1)y'' + 2(4x-3)y' + y = 0$$

[解] 両辺を 4 で割るとガウスの方程式であり，$a = b = \dfrac{1}{2}$, $c = \dfrac{3}{2}$ なので，解の基本系は

$$F(a,b,c,x) = F\left(\dfrac{1}{2}, \dfrac{1}{2}, \dfrac{3}{2}, x\right)$$
$$= 1 + \dfrac{1}{6}x + \dfrac{3}{40}x^2 + \dfrac{5}{112}x^3 + \cdots,$$

$$x^{1-c}F(a-c+1, b-c+1, 2-c, x) = x^{-1/2}F\left(0, 0, \dfrac{1}{2}, x\right)$$
$$= \dfrac{1}{\sqrt{x}}$$

となり，一般解は

$$y = C_1 F\left(\dfrac{1}{2}, \dfrac{1}{2}, \dfrac{3}{2}, x\right) + C_2 \dfrac{1}{\sqrt{x}}$$

となる． ■

▶ 問題 **4.7** 次の微分方程式の一般解を求めよ．

(1) $x(x-1)y'' + 3(x-1)y' + y = 0$

(2) $3x(x-1)y'' + (7x-1)y' + y = 0$

4.5 章末問題

1. 次の微分方程式をベキ級数法で解け．

(1) $y' = x - y$, $\quad y(0) = C - 1$

(2) $xy' + y = 0$, $\quad y(1) = 1$

(3) $y' = y^2$, $\quad y(0) = 1$

(4) $y' = 1 + y^2$, $\quad y(0) = 0$

2. 次の微分方程式をベキ級数法で解け．

(1) $(1 - x^2)y'' - 2xy' + 2y = 0$

(2) $y'' - 2x^2 y = 0$

(3) $y'' - 2x^2 y' + 4xy = 0$

(4) $x^2 y'' - 2x^2 y' + (x^2 - 6)y = 0$

(5) $2xy'' + (1 - 2x)y' - y = 0$

(6) $x(x + 1)y'' + (3x + 1)y' + y = 0$

(7) $xy'' - y = 0$

3. 変数変換 $t = x^2$ を行うことにより，ルジャンドルの方程式
$$(1 - x^2)y'' - 2xy' + n(n + 1)y = 0$$
をガウスの微分方程式に変えて解け．

4. 上手に $t = \alpha x + \beta$ の形の変数変換を行うことにより，微分方程式
$$x(x + 1)y'' + (5x + 7)y' + 3y = 0$$
をガウスの微分方程式に変えて解け．

5 偏微分方程式

5.1 偏微分方程式とは

偏微分方程式とは，1つ以上の偏導関数を含む方程式である．よって，2つ以上の独立変数を含んでいる．例えば，

(1) $x\dfrac{\partial u}{\partial x} + y\dfrac{\partial u}{\partial y} = u$

(2) $\dfrac{\partial^2 u}{\partial x^2} + 3\dfrac{\partial^2 u}{\partial x \partial y} + 2\dfrac{\partial^2 u}{\partial y^2} = 0$

などである．この場合，x, y が独立変数である．方程式のなかにある偏導関数のうちの最高の階数を，その偏微分方程式の**階数**という．すなわち，(1) は1階，(2) は2階の偏微分方程式である．

偏微分方程式は，与えられた変数どうしの関係式から，任意定数を消去したり，任意関数を消去したりして得られる．

★ **例題 5.1** 次の関数のみたす1階の偏微分方程式を求めよ．

(1) $u = ax^2 + by^2$ （ a, b は任意定数）

(2) $u = x^3 f\left(\dfrac{y}{x}\right)$ （ $f(t)$ は任意関数）

［解］ (1) x, y に関して偏微分すると

$$\dfrac{\partial u}{\partial x} = 2ax, \qquad \dfrac{\partial u}{\partial y} = 2by$$

より，a, b を消去して

$$x\dfrac{\partial u}{\partial x} + y\dfrac{\partial u}{\partial y} = 2u.$$

(2) x, y に関して偏微分すると

$$\frac{\partial u}{\partial x} = 3x^2 f\left(\frac{y}{x}\right) + x^3 f'\left(\frac{y}{x}\right) \cdot \left(-\frac{y}{x^2}\right),$$

$$\frac{\partial u}{\partial y} = x^3 f'\left(\frac{y}{x}\right) \cdot \frac{1}{x}$$

より，$f\left(\dfrac{y}{x}\right), f'\left(\dfrac{y}{x}\right)$ を消去して

$$x\frac{\partial u}{\partial x} + y\frac{\partial u}{\partial y} = 3u. \qquad \blacksquare$$

▶ **問題 5.1** 次の関数のみたす偏微分方程式を求めよ．

(1) $u = ax^3 + by^3$ (2) $u = ax + by + ab$
(3) $u = f(x - y)$ (4) $u = f(x) + g(y)$

5.2 1階線形

x, y を独立変数とし，$A(x, y), B(x, y), C(x, y), D(x, y)$ を x, y の関数とする．このとき，次の形の偏微分方程式

$$A(x, y)\frac{\partial u}{\partial x} + B(x, y)\frac{\partial u}{\partial y} = C(x, y)\,u + D(x, y) \qquad (5.1)$$

を **1階線形偏微分方程式**という．また，右辺が u の1次式でなく，一般の形 $E(x, y, u)$ であるとき，すなわち

$$A(x, y)\frac{\partial u}{\partial x} + B(x, y)\frac{\partial u}{\partial y} = E(x, y, u)$$

の形であれば，**1階半線形偏微分方程式**とよばれる．この半線形は線形を含むので，半線形を考えればよい．

2変数の1階半線形偏微分方程式の解は，2つの任意定数をもつものと，1つの任意関数をもつものの2種類が考えられる．前者を**完全解**，後者を**一般解**という．当然，一般解がわかれば，任意関数の部分を $f(t) = at + b$ とおけば完全解が得られるが，逆に，完全解から一般解を求められることもわかっている．

半線形の一般解は次のようにして解くことができる．

いま，$A(x, y), B(x, y)$ のどちらかは0でないとしてよい．また必要ならば x と y の文字を入れ換えることにより $A(x, y) \neq 0$ としてよい．よって，

両辺を $A(x, y)$ で割った

$$\frac{\partial u}{\partial x} + P(x, y)\frac{\partial u}{\partial y} = Q(x, y, u) \tag{5.2}$$

の形を考えることにする．

手順 (1)：まず，y を x の関数とみて，1階正規形の常微分方程式

$$\frac{dy}{dx} = P(x, y)$$

を解き，その一般解を

$$y = g(x, \alpha), \quad \text{または} \quad \phi(x,y) = \alpha$$

とする．ここで α は任意定数である．

手順 (2)：曲線 $y = g(x, \alpha)$ 上で式 (5.2) を考えれば，u は1変数関数なので，偏微分の連鎖法則により

$$\frac{du}{dx} = \frac{\partial u}{\partial x} + \frac{\partial u}{\partial y}\cdot\frac{dy}{dx} = \frac{\partial u}{\partial x} + P(x, y)\frac{\partial u}{\partial y}$$

となる．よって y を消去すると，1階正規形の常微分方程式

$$\frac{du}{dx} = Q(x, g(x, \alpha), u)$$

となり，その一般解を

$$F(x, u, \alpha) = C \tag{5.3}$$

とする．ただし C は任意定数である．

手順 (3)：$f(t)$ を任意の関数とすると，$f(\phi(x,y))$ は曲線 $y = g(x, \alpha)$ 上で定数だから，式 (5.3) で α, C を消去すれば

$$F(x, u, \phi(x,y)) = f(\phi(x,y))$$

が一般解となる．

♦**MEMO**　手順 (3) の代わりに式 (5.3) で

$$F(x, u, \phi(x,y)) = a\,\phi(x,y) + b$$

としたものも偏微分方程式 (5.2) の解になる．これは任意定数を2つ含み，完全解である．

♦**MEMO**　手順のなかで正規形の常微分方程式を2回解くことになる．2章の求積法の 2.1 節から 2.9 節までを復習してほしい．

5.2 1階線形

♦**MEMO** 式 (5.1) で $A(x, y)$, $B(x, y)$, $C(x, y)$ がすべて定数のときは，5.4 節，または 5.5 節の方法で容易に解ける場合もある．

★ **例題 5.2** 次の偏微分方程式の一般解を求めよ．
$$x\frac{\partial u}{\partial x} + (x^2 + y)\frac{\partial u}{\partial y} = \frac{y}{u}$$

[解] 両辺を x で割ると
$$\frac{\partial u}{\partial x} + \frac{x^2 + y}{x} \cdot \frac{\partial u}{\partial y} = \frac{y}{xu}$$

となり，式 (5.2) で，$P(x, y) = \dfrac{x^2 + y}{x}$, $Q(x, y, u) = \dfrac{y}{xu}$ である．

手順 (1)：まず，
$$\frac{dy}{dx} = \frac{x^2 + y}{x} = \frac{1}{x} \cdot y + x$$

は1階線形であり，これを解く．$\int \dfrac{1}{x}\,dx = \log x$ より $e^{\log x} = x$ だから
$$y = x\left\{\int \frac{1}{x} \cdot x\,dx + \alpha\right\} = x(x + \alpha)$$

より
$$y = x^2 + \alpha x, \quad \text{または} \quad \frac{y - x^2}{x} = \alpha \tag{5.4}$$

となる．

手順 (2)：次に
$$\frac{du}{dx} = \frac{y}{xu} = \frac{x + \alpha}{u}$$

は変数分離形だから
$$\int u\,du = \int (x + \alpha)\,dx + C$$

より
$$\frac{1}{2}u^2 = \frac{1}{2}x^2 + \alpha x + C.$$
$$\therefore \quad u^2 = x^2 + 2\alpha x + 2C$$

だから，$2C$ をあらためて C とおき直すと $u^2 = x^2 + 2\alpha x + C$．

手順 (3)：よって，式 (5.4) より α, C を消去して

$$u^2 = 2y - x^2 + f\left(\frac{y-x^2}{x}\right) \qquad (f(t) \text{ は任意の関数})$$

が一般解となる． ∎

▶ **問題 5.2** 次の偏微分方程式の一般解を求めよ．ただし $u_x = \dfrac{\partial u}{\partial x}$, $u_y = \dfrac{\partial u}{\partial y}$ とする．

(1) $u_x + 2u_y = 0$ 　　　　　　(2) $u_x + u_y = u$
(3) $xu_x + yu_y = 0$ 　　　　　(4) $xu_x - yu_y = -u$
(5) $(y-x)u_x + (x+y)u_y = x - y$ 　(6) $x^2 u_x + y^2 u_y = u^2$

★ **例題 5.3** 次の偏微分方程式をみたす解を求めよ．
$$\frac{\partial u}{\partial x} + 3\frac{\partial u}{\partial y} = 0, \quad u(x, 0) = \sin x$$

［解］ $\dfrac{dy}{dx} = 3$ より $y = 3x + \alpha$．また，$\dfrac{du}{dx} = 0$ より $u = C$．よって，$f(t)$ を任意の関数として，

$$u = f(y - 3x)$$

が一般解である．

ここで，$u(x, 0) = \sin x$ より $f(-3x) = \sin x$ となる．$t = -3x$ とすると，$f(t) = \sin\left(-\dfrac{t}{3}\right)$．よって，求める解は

$$u = \sin\left(\frac{3x - y}{3}\right).$$ ∎

▶ **問題 5.3** 次の偏微分方程式をみたす解を求めよ．

(1) $\dfrac{\partial u}{\partial x} + 2\dfrac{\partial u}{\partial y} = 1, \qquad u(x, 0) = x^2$

(2) $2\dfrac{\partial u}{\partial x} + 3\dfrac{\partial u}{\partial y} = -u, \qquad u(0, y) = e^y$

5.3 定数係数同次線形 (1)

x, y を独立変数とし，$a_0, a_1, \cdots, a_n$ を定数，$Q(x, y)$ を x, y の 2 変数関数とする．このとき

$$a_0 \frac{\partial^n u}{\partial x^n} + a_1 \frac{\partial^n u}{\partial x^{n-1} \partial y} + a_2 \frac{\partial^n u}{\partial x^{n-2} \partial y^2} + \cdots + a_n \frac{\partial^n u}{\partial y^n} = Q(x, y) \quad (5.5)$$

を**定数係数同次線形偏微分方程式**という．これらは 3 章で学んだ定数係数線形常微分方程式と似た方法が使うことができ，

$$D_x = \frac{\partial}{\partial x}, \qquad D_y = \frac{\partial}{\partial y}$$

とおき，さらに，実数係数の 2 変数多項式を

$$F(X, Y) = a_0 X^n + a_1 X^{n-1} Y + a_2 X^{n-2} Y^2 + \cdots + a_n Y^n$$

とおくと，式 (5.5) は

$$F(D_x, D_y)\, u = Q(x, y)$$

の形で書ける．もし，式 (5.5) で $Q(x, y) = 0$ のとき，すなわち

$$F(D_x, D_y)\, u = 0 \quad (5.6)$$

であれば**斉次形**とよばれる．

この方程式の一般解は次のようにして求められる．

$F(D_x, D_y)$ を 1 次式の積に因数分解して

$$F(D_x, D_y) = D_x{}^p D_y{}^q (\alpha D_x - \beta D_y)^r \cdots$$

とするとき，

(A) $D_x{}^p$ の項があれば，$f_1(t), f_2(t), \cdots, f_p(t)$ を任意の関数として
$$f_1(y) + x\, f_2(y) + \cdots + x^{p-1}\, f_p(y),$$

(B) $D_y{}^q$ の項があれば，$g_1(t), g_2(t), \cdots, g_q(t)$ を任意の関数として
$$g_1(x) + y\, g_2(x) + \cdots + y^{q-1}\, g_q(x),$$

(C) $\alpha \neq 0$ のとき $(\alpha D_x - \beta D_y)^r$ の項があれば，$h_1(t), h_2(t), \cdots, h_r(t)$ を任意の関数として
$$h_1(\alpha y + \beta x) + x\, h_2(\alpha y + \beta x) + \cdots + x^{r-1}\, h_r(\alpha y + \beta x),$$

を選び，すべてをたして n 個の任意の関数を含むものが一般解となる．もし，

(C) で β が複素数であれば，共役複素数 $\bar{\beta}$ の項もあるので，それと合わせて $h_1(t)$ の代わりに

$$\phi_1(\alpha y + \beta x) + \phi_1(\alpha y + \bar{\beta} x) + i\{\phi_2(\alpha y + \beta x) - \phi_2(\alpha y + \bar{\beta} x)\}$$

とすればよい．ここで $\phi_1(t)$, $\phi_2(t)$ は任意の実数値関数である．

★ 例題 **5.4** 次の偏微分方程式を解け．
 (1) $(D_x{}^2 + D_x D_y - 6D_y{}^2)\, u = 0$
 (2) $(D_x{}^2 + 6D_x D_y + 9D_y{}^2)\, u = 0$
 (3) $(D_x{}^2 - 4D_x D_y + 5D_y{}^2)\, u = 0$
 (4) $(D_x{}^3 D_y{}^2 - 2D_x{}^2 D_y{}^3)\, u = 0$

[解]　(1) 因数分解すると

$$(D_x - 2D_y)(D_x + 3D_y)\, u = 0$$

となるので

$$u = f_1(y + 2x) + f_2(y - 3x)$$

が一般解となる．
　(2) 因数分解すると

$$(D_x + 3D_y)^2\, u = 0$$

となるので

$$u = f_1(y - 3x) + x\, f_2(y - 3x)$$

が一般解となる．
　(3) 因数分解すると

$$(D_x - (2+i)D_y)(D_x - (2-i)D_y)\, u = 0$$

となるので

$$u = f_1(y + (2+i)x) + f_1(y + (2-i)x)$$
$$+ i\{f_2(y + (2+i)x) - f_2(y + (2-i)x)\}$$

が一般解となる．

5.3 定数係数同次線形 (1)

(4) 因数分解すると
$$D_x{}^2 D_y{}^2 (D_x - 2D_y)\, u = 0$$
となるので
$$u = f_1(y) + x\, f_2(y) + f_3(x) + y\, f_4(x) + f_5(y + 2x)$$
が一般解となる. ∎

▶ 問題 5.4　次の偏微分方程式の一般解を求めよ.
(1) $(D_x{}^2 - 3D_x D_y + 2D_y{}^2)\, u = 0$
(2) $(4D_x{}^2 - 12D_x D_y + 9D_y{}^2)\, u = 0$
(3) $(D_x{}^2 + 2D_y{}^2)\, u = 0$
(4) $(D_x{}^3 + 3D_x{}^2 D_y - 4D_y{}^3)\, u = 0$

★ 例題 5.5　次の偏微分方程式をみたす解を求めよ.
(1) $(D_x{}^2 - D_y{}^2)\, u = 0,\quad u(0, y) = \sin y,\quad u_x(0, y) = \cos y$
(2) $(D_x{}^2 + D_y{}^2)\, u = 0,\quad u(0, y) = \cos y,\quad u_x(0, y) = \cos y$

[解]　(1)　$(D_x - D_y)(D_x + D_y)\, u = 0$ より
$$u(x, y) = f_1(y + x) + f_2(y - x)$$
が一般解となる. 初期条件を代入すると
$$u_x = f_1'(y + x) - f_2'(y - x)$$
より
$$u(0, y) = f_1(y) + f_2(y) = \sin y,$$
$$u_x(0, y) = f_1'(y) - f_2'(y) = \cos y$$
だから, 2番目の式を積分して
$$f_1(y) - f_2(y) = \sin y + C$$
となる. ここで C は定数である. よって
$$f_1(y) = \sin y + \frac{C}{2}, \qquad f_2(y) = -\frac{C}{2}$$

なので，求める解は
$$u = \sin(x+y) + \frac{C}{2} - \frac{C}{2} = \sin(x+y)$$
である．

(2) $(D_x - iD_y)(D_x + iD_y)\,u = 0$ より
$$u(x,\,y) = f_1(y+ix) + f_1(y-ix) + i\{f_2(y+ix) - f_2(y-ix)\}$$
が一般解となる．初期条件を代入すると
$$u_x(x,\,y) = i\{f_1'(y+ix) - f_1'(y-ix)\} - \{f_2'(y+ix) + f_2'(y-ix)\}$$
より
$$2f_1(y) = \cos y, \qquad -2f_2'(y) = \cos y$$
だから
$$f_1(y) = \frac{\cos y}{2}, \qquad f_2(y) = -\frac{\sin y}{2} + C$$
となる．ここで C は定数である．よって，求める解は
$$\begin{aligned}u &= \frac{\cos(y+ix) + \cos(y-ix)}{2} + i\frac{\sin(y-ix) - \sin(y+ix)}{2} \\ &= (\cos y)(\cos ix - i\sin ix) \\ &= (\cos y)e^{-i(ix)} \\ &= e^x \cos y\end{aligned}$$
である． ∎

▶ **問題 5.5** 次の偏微分方程式をみたす解を求めよ．

(1) $(4D_x{}^2 - 25D_y{}^2)\,u = 0, \qquad u(0,\,y) = \sin 2y, \quad u_x(0,\,y) = 0$

(2) $(D_x{}^2 + 4D_y{}^2)\,u = 0, \qquad u(x,\,0) = e^x, \qquad u_y(x,\,0) = e^x$

5.4 定数係数同次線形 (2)

前節で定数係数同次線形偏微分方程式は，
$$F(D_x,\ D_y)\,u = Q(x,\ y)$$
と表せた．$Q(x,\ y) \neq 0$ のとき，特解を
$$u = \frac{1}{F(D_x,\ D_y)}\,Q(x,\ y)$$
とおくと，一般解は，3 章の線形常微分方程式の場合と同様，前節の
$$F(D_x,\ D_y)\,u = 0$$
の場合の n 個の任意関数を含む一般解とこの特解との和で書けることが知られている．このとき，特定の形の $Q(x,\ y)$ に対して，3.4 節の記号解法と同様の方法が使える．

a) $Q(x,\ y) = \alpha\,Q_1(x,\ y) + \beta\,Q_2(x,\ y)$ ($\alpha,\ \beta$ は定数) のとき，
$$\frac{1}{F(D_x,\ D_y)}Q(x,\ y) = \alpha\,\frac{1}{F(D_x,\ D_y)}Q_1(x,\ y) + \beta\,\frac{1}{F(D_x,\ D_y)}Q_2(x,\ y).$$

b) $\dfrac{1}{D_x - \alpha D_y}Q(x,\ y)$ は $\displaystyle\int Q(x,\ m - \alpha x)\,dx$ を計算して，m に $y + \alpha x$ を代入する．ただし，積分定数は 0 である．(m は定数として計算する．)

c) $Q(x,\ y)$ が e^{ax+by} の形のとき，$F(a,\ b) \neq 0$ ならば，
$$\frac{1}{F(D_x,\ D_y)}e^{ax+by} = \frac{1}{F(a,\ b)}e^{ax+by}.$$

d) $Q(x,\ y)$ が e^{ax+by} の形のとき，$b \neq 0$ ならば，
$$\frac{1}{(bD_x - aD_y)^r}e^{ax+by} = \frac{x^r}{b^r \cdot r!}e^{ax+by}.$$

e) $Q(x,\ y)$ が $\sin(ax+by)$ または $\cos(ax+by)$ の形のとき，分母が 0 にならなければ，$D_x^{\,2},\ D_xD_y,\ D_y^{\,2}$ のところにそれぞれ $-a^2,\ -ab,\ -b^2$ を代入する．

f) $Q(x,\ y)$ が m 次多項式のとき，m 次マクローリン近似を用いる．

g) $Q(x,\ y)$ が $e^{ax+by}R(x,\ y)$ の形のとき，
$$\frac{1}{F(D_x,\ D_y)}e^{ax+by}R(x,\ y) = e^{ax+by}\frac{1}{F(D_x+a,\ D_y+b)}R(x,\ y).$$

h) $Q(x, y) = Q_1(x, y) + iQ_2(x, y)$ が複素数値関数のとき，(ただし，$Q_1(x, y), Q_2(x, y)$ は x, y の実数値関数)

$$\frac{1}{F(D_x, D_y)}Q_1(x, y) = \text{Re}\left(\frac{1}{F(D_x, D_y)}Q(x, y)\right),$$

$$\frac{1}{F(D_x, D_y)}Q_2(x, y) = \text{Im}\left(\frac{1}{F(D_x, D_y)}Q(x, y)\right).$$

ここで，$\text{Re}(z)$ は複素数 z の実数部分，$\text{Im}(z)$ は虚数部分である．

★ **例題 5.6** 次の偏微分方程式の一般解を求めよ．

(1) $\left(D_x{}^2 + D_x D_y - 6D_y{}^2\right)u = x + y$

(2) $\left(D_x{}^2 + D_x D_y - 6D_y{}^2\right)u = e^{x+y}$

(3) $\left(D_x{}^2 + D_x D_y - 6D_y{}^2\right)u = e^{2x+y}$

(4) $\left(D_x{}^2 + D_x D_y - 6D_y{}^2\right)u = \sin(x + 2y)$

(5) $\left(D_x{}^2 + D_x D_y - 6D_y{}^2\right)u = \cos(2x + y)$

[解] (1) 例題 5.4 より $\left(D_x{}^2 + D_x D_y - 6D_y{}^2\right)u = 0$ の一般解は

$$u = f_1(y + 2x) + f_2(y - 3x)$$

である．特解は

$$u = \frac{1}{D_x - 2D_y}\left(\frac{1}{D_x + 3D_y}(x+y)\right)$$

だから，$v = \dfrac{1}{D_x + 3D_y}(x+y)$ とおくと，公式 b) より

$$\int (x + m + 3x)\, dx = mx + 2x^2$$

だから，m を $y - 3x$ でおき換えて $v = xy - x^2$ となる．よって，特解は

$$u = \frac{1}{D_x - 2D_y}\, v = \frac{1}{D_x - 2D_y}(xy - x^2)$$

より，公式 b) より

$$\int (x(m - 2x) - x^2)\, dx = \frac{mx^2}{2} - x^3$$

だから，m を $y + 2x$ でおき換えて $u = \dfrac{yx^2}{2}$ が特解となる．よって

5.4 定数係数同次線形 (2)

$$u = \frac{yx^2}{2} + f_1(y+2x) + f_2(y-3x)$$

が一般解となる．

　別解として公式 f) を用いてもよい．$x+y$ は 1 次式だから分数式のマクローリン近似も 1 次でよいから

$$\frac{1}{D_x{}^2 + D_xD_y - 6D_y{}^2}(x+y)$$

$$= \frac{1}{D_x{}^2}\left(\frac{1}{1+\dfrac{D_y}{D_x} - 6\dfrac{D_y{}^2}{D_x{}^2}}\right)(x+y)$$

$$= \frac{1}{D_x{}^2}\left(1 - \frac{D_y}{D_x}\right)(x+y)$$

$$= \frac{1}{D_x{}^2}\left(x+y - \frac{1}{D_x}1\right) = \frac{1}{D_x{}^2}(x+y-x) = \frac{yx^2}{2}$$

で特解が求められる．

(2) 公式 c) より，特解は

$$\frac{1}{D_x{}^2 + D_xD_y - 6D_y{}^2}e^{x+y} = \frac{1}{1^2 + 1\cdot 1 - 6\cdot 1^2}e^{x+y}$$

$$= -\frac{1}{4}e^{x+y}$$

となるから，(1) と同じ斉次形の一般解を加えて

$$u = -\frac{1}{4}e^{x+y} + f_1(y+2x) + f_2(y-3x)$$

が一般解となる．

　以下，(3)〜(5) において斉次形は同じなので一般解は省略する．

(3) e^{2x+y} は斉次形の一般解に含まれているので，公式 c), d) より

$$\frac{1}{D_x{}^2 + D_xD_y - 6D_y{}^2}e^{2x+y} = \frac{1}{D_x - 2D_y}\left(\frac{1}{D_x + 3D_y}e^{2x+y}\right)$$

$$= \frac{1}{5}\cdot\frac{1}{D_x - 2D_y}e^{2x+y}$$

$$= \frac{1}{5}xe^{2x+y}$$

が特解となる．

(4) 公式 e) より，特解は

$$\frac{1}{D_x{}^2 + D_xD_y - 6D_y{}^2} \sin(x+2y)$$
$$= \frac{1}{(-1^2) + (-1 \cdot 2) - 6 \cdot (-2^2)} \sin(x+2y) = \frac{1}{21} \sin(x+2y)$$

となる．

(5) $\cos(2x+y)$ は斉次形の一般解に含まれているので，公式 e) より

$$\frac{1}{D_x{}^2 + D_xD_y - 6D_y{}^2} \cos(2x+y)$$
$$= \frac{1}{D_x - 2D_y} \left(\frac{1}{D_x + 3D_y} \cos(2x+y) \right)$$
$$= \frac{1}{D_x - 2D_y} \left(\frac{D_x - 3D_y}{D_x{}^2 - 9D_y{}^2} \cos(2x+y) \right)$$
$$= \frac{1}{D_x - 2D_y} \left(\frac{1}{5}(D_x - 3D_y)\cos(2x+y) \right)$$
$$= \frac{1}{5} \left(\frac{1}{D_x - 2D_y} \sin(2x+y) \right)$$

となり，公式 b) より

$$u = \frac{1}{5} \int \sin(2x + m - 2x)\, dx$$
$$= \frac{1}{5} x \sin m$$
$$= \frac{1}{5} x \sin(2x+y)$$

が特解となる． ■

▶ **問題 5.6** 次の偏微分方程式の一般解を求めよ．

(1) $(D_x - 3D_y)u = 5e^{x+2y}$

(2) $(D_x - 3D_y)u = x+y$

(3) $(D_xD_y)u = 6x^2y$

(4) $(D_x{}^2 - 4D_xD_y + 3D_y{}^2)u = e^{x-y}$

(5) $(D_x{}^2 - 4D_xD_y + 3D_y{}^2)u = 6xy$

(6) $(D_x{}^2 - 4D_xD_y + 3D_y{}^2)u = \sin(x-y)$

5.5 定数係数可約線形

定数係数線形偏微分方程式は，前節のように同次でなくても実数係数の 2 変数の多項式 $F(X, Y)$ を用いて

$$F(D_x, D_y)\, u = Q(x, y) \tag{5.7}$$

と表せる．式 (5.7) で左辺が $D_x,\ D_y$ についての 1 次式に因数分解できるとき，**可約**であるという．この場合，前節と同様の方法で一般解を求めることができる．

$F(D_x, D_y)$ を因数分解したとき，$(aD_x + bD_y + c)$ の因数があれば，斉次形の一般解は，f を任意の関数として

$$e^{-cx/a} f(ay - bx), \quad \text{または} \quad e^{-cy/b} f(ay - bx)$$

の形のものの n 個の和になる．もし，$(aD_x + bD_y + c)^r$ の因数があれば，

$$e^{-cx/a} \left\{ f_1(ay - bx) + x f_2(ay - bx) + \cdots + x^{r-1} f_r(ay - bx) \right\}$$

を選べばよい．特解も前節の公式を用いて求められる．

> ★ **例題 5.7** 次の偏微分方程式の一般解を求めよ．
>
> (1) $(D_x + 2D_y + 1)(3D_x - D_y + 2)\, u = 0$
>
> (2) $(D_x + 2D_y + 1)^2\, u = 0$
>
> (3) $(D_x + 2D_y)(D_x - D_y + 2)\, u = y e^x$

［解］ (1) 一般解は

$$u = e^{-x} f_1(y - 2x) + e^{2y} f_2(3y + x)$$

である．右辺の第 1 項は $e^{-y/2} f_1(y - 2x)$ で，第 2 項は $e^{-2x/3} f_2(3y + x)$ でおき換えてもよい．

(2) 一般解は

$$u = e^{-x} \left\{ f_1(y - 2x) + x f_2(y - 2x) \right\}$$

である．

(3) 斉次形の一般解は

$$u = f_1(y - 2x) + e^{2y} f_2(x + y)$$

である．ここで特解は

$$\begin{aligned}
&\frac{1}{(D_x + 2D_y)(D_x - D_y + 2)} \, ye^x \\
&= e^x \frac{1}{(D_x + 2D_y + 1)(D_x - D_y + 3)} \, y \\
&= \frac{1}{3} e^x (1 - D_x - 2D_y) \left(1 - \frac{D_x}{3} + \frac{D_y}{3}\right) y \\
&= \frac{1}{3} e^x (1 - D_x - 2D_y) \left(y + \frac{1}{3}\right) \\
&= \frac{1}{3} e^x \left(y - \frac{5}{3}\right)
\end{aligned}$$

より，一般解は

$$u = \frac{1}{3} e^x \left(y - \frac{5}{3}\right) + f_1(y - 2x) + e^{2y} f_2(x + y)$$

となる． ∎

▶ 問題 **5.7** 次の偏微分方程式の一般解を求めよ．

(1) $(D_x + D_y + 1)(D_x - 2D_y - 1) \, u = 0$

(2) $(D_x - 2D_y - 3)(D_x - D_y + 1) \, u = 8e^{x+3y}$

(3) $D_y(D_x + D_y)(D_x - D_y - 2) \, u = 0$

(4) $(D_x + 1)(D_x - D_y - 1) \, u = 2e^{-x}$

5.6 章末問題

1. 次の関数のみたす偏微分方程式を求めよ．

(1) $u = axy + b$ (2) $u = (x-a)^2 + (y-b)^2$

(3) $u = x^2 f(x-y)$ (4) $u = xy + xf\left(\dfrac{y}{x}\right)$

2. 次の偏微分方程式の一般解を求めよ．ただし $u_x = \dfrac{\partial u}{\partial x},\ u_y = \dfrac{\partial u}{\partial x}$ とする．

(1) $u_x - 2u_y = 0$ (2) $2u_x + 3u_y = 4$

(3) $u_x - 3u_y = 2x$ (4) $yu_x - xu_y = yu$

(5) $uu_x = x$ (6) $xu_x + y^2 u_y = u + x$

3. 次の偏微分方程式の一般解を求めよ．

(1) $\left(D_x{}^2 - D_x D_y - 6D_y{}^2\right)u = 0$

(2) $\left(D_x{}^3 - 2D_x{}^2 D_y - D_x D_y{}^2 + 2D_y{}^3\right)u = 0$

(3) $\left(D_x{}^3 - 2D_x{}^2 D_y - 4D_x D_y{}^2 + 8D_y{}^3\right)u = 0$

4. 次の偏微分方程式の一般解を求めよ．

(1) $\left(D_x{}^2 - 8D_x D_y + 15 D_y{}^2\right)u = 3e^{2x+y}$

(2) $\left(D_x{}^2 - 4D_x D_y + 4D_y{}^2\right)u = \sin(x+y)$

(3) $\left(D_x{}^2 - D_y{}^2\right)u = 2e^{x+y}$

(4) $\left(D_x{}^2 + D_y{}^2\right)u = 60xy^2$

(5) $(D_x + 1)(D_y - 1)u = 0$

(6) $D_x D_y{}^2 (D_x - D_y - 1)^2 u = 0$

(7) $(D_x - 2D_y)(D_x + D_y + 1)u = 4xe^{-y}$

(8) $(D_x + 2D_y)(D_x + D_y + 1)u = e^{x+y}\sin(x-y)$

6

応用例

この章では，これまで学んだ微分方程式の応用例をいくつか紹介する．

6.1 1階の微分方程式

★ **例題 6.1** ニュートンの冷却の法則よると，高温の物質が，温度の保たれた空気中で冷却される速度は，その物質の温度と空気の温度差に比例する．もし空気の温度が 280 K で，初め 370 K の物質が 15 分後に 340 K に冷却されたとき，物質の温度が 310 K になるのは初めから何分後か．

[解] 時刻 t における物質の温度を $T = T(t)$ とすると

$$\frac{dT}{dt} = k(T - 280)$$

と書ける．ここで k は定数である．この微分方程式は変数分離形だから

$$\int \frac{1}{T-280}\,dT = \int k\,dt + C$$

より，$\pm e^C$ をあらためて C とおき直せば

$$T(t) = 280 + Ce^{kt}$$

が一般解となる．ここで $T(0) = 370,\ T(15) = 340$ なので

$$C + 280 = 370, \qquad Ce^{15k} + 280 = 340$$

より $C = 90,\ k = \frac{1}{15}\log\frac{2}{3}$ となる．よって，$T(t) = 310 = Ce^{kt} + 280$ となる t を求めればよいので

$$t = \frac{15\log 3}{\log 3 - \log 2} = 40.6\ \text{分後}$$

となる．∎

6.1　1階の微分方程式

▶ **問題 6.1**　ある細菌の増加率は，現在の個体数に比例している．もし，細菌の個体数が 5 時間で 2 倍になったとすると，30 時間後には何倍になるか．

★ **例題 6.2**　図 6.1 のような基本的な電気回路の方程式は次のものである．
$$L\frac{di}{dt} + Ri = v \tag{6.1}$$
ここで，L (ヘンリー) はインダクタンス，R (オーム) は抵抗，i (アンペア) は電流，v (ボルト) は起電力である．(L, R は定数とする．)

(1) 電流が 0 の状態で，急に電圧 v が 0 から一定値 v_0 になったとするとき，微分方程式 (6.1) を解け．

(2) 電流が 0 の状態で，急に交流電圧 $v = E\sin\omega t$ を加えたとき，微分方程式 (6.1) を解け．

［解］　(1) $t \geqq 0$ のとき $v = v_0$ となるので，与式は
$$L\frac{di}{dt} + Ri = v_0$$
となる．これは，1 階線形なので，2.5 節の方法で
$$i(t) = e^{-\frac{R}{L}t}\left\{\int e^{\frac{R}{L}t}\frac{v_0}{L}\,dt + C\right\}$$
$$= \frac{v_0}{R} + Ce^{-\frac{R}{L}t}$$
が一般解となる．$i(0) = 0$ とおいて C を求めると $C = -\dfrac{v_0}{R}$ となるから
$$i(t) = \frac{v_0}{R}\left(1 - e^{-\frac{R}{L}t}\right)$$
となる．

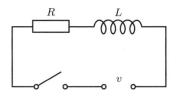

図 6.1　電気回路

(2) $v = E\sin\omega t$ より，(1) と同様に 1 階線形で
$$i(t) = e^{-\frac{R}{L}t}\left\{\int e^{\frac{R}{L}t}E\sin\omega t\, dt + C\right\}$$
$$= -\frac{\omega LE}{R^2 + (\omega L)^2}\cos\omega t + \frac{RE}{R^2 + (\omega L)^2}\sin\omega t + Ce^{-\frac{R}{L}t}$$

が一般解となる．$i(0) = 0$ とおいて，C を求めると $C = \dfrac{\omega LE}{R^2 + (\omega L)^2}$ となるから

$$i(t) = \frac{\omega LE}{R^2 + (\omega L)^2}\left(e^{-\frac{R}{L}t} - \cos\omega t\right) + \frac{RE}{R^2 + (\omega L)^2}\sin\omega t$$

となる．なお，この問題の方程式は，定数係数の線形なので 3 章の記号解法やラプラス変換を用いる方法を用いてもよい． ■

♦**MEMO** 電気系の分野では交流回路における電流で i を用いることが一般的である．そのため，虚数単位を j と書くことがある．

▶ **問題 6.2** 抵抗 R，電気容量 C のコンデンサー，起電力 $v = E\sin\omega t$ を直列につないだ電気回路の微分方程式は

$$R\frac{di}{dt} + \frac{i}{C} = \frac{dv}{dt}$$

で与えられる．このとき，R, C, E, ω を定数として電流 i を求めよ．

★ **例題 6.3** 地球の中心から距離 x m にある質量 M の物体に働く重力は，M に比例し，x^2 に反比例する．ただし，地球の半径は $R = 6500$ km とする．このとき，地球の中心から $2R$ の距離にある物体が，地球の表面に落下するときの衝突する瞬間の速度を求めよ．

［解］ 地球の中心から距離 x の物体にかかる重力は $\dfrac{kM}{x^2}$ （k は定数）であり，$x = R$ のときの重力が Mg なので，$k = gR^2$ となる（ここで g は重力加速度）．よって運動方程式は

$$M\frac{dv}{dt} = M\frac{dx}{dt}\frac{dv}{dx} = Mv\frac{dv}{dx} = -\frac{MgR^2}{x^2}$$

より

$$v\frac{dv}{dx} = -\frac{gR^2}{x^2}$$

6.1 1階の微分方程式

となるから変数分離形である．

$$\int v\,dv = -gR^2 \int \frac{1}{x^2}\,dx + C$$

より，$2C$ を C でおき直して

$$v^2 = \frac{2gR^2}{x} + C$$

が一般解となる．

ここで $x = 2R$ のとき $v = 0$ だから $C = -gR$ となる．よって $x = R$ のとき，

$$v^2 = gR = 9.8 \times 6500 \times 1000 = 63.7 \times 10^6$$

より $v = 8.0$ km/s である． ■

▶ **問題 6.3** 物体が地球の重力から脱出するために，鉛直方向へどのくらいの速度で進まなければならないかを求めよ．すなわち，無限大の距離から落下するときに到達する速度を求めよ．

★ **例題 6.4** 平面上の曲線で，どんな接線も原点との距離が常に一定の値 k となるものを求めよ．

[解] 曲線上の点 $(x,\,y)$ における接線の方程式は

$$Y = y'(X - x) + y$$

であり，原点からの距離が k だから

$$k = \frac{|y - xy'|}{\sqrt{(y')^2 + 1}} \quad \text{より，} \quad y = xy' \pm k\sqrt{(y')^2 + 1}$$

となり，2.10 節のクレロー方程式となる．一般解は C を定数として

$$y = Cx \pm k\sqrt{C^2 + 1}$$

である．また，$y' = p$ とおき，$y = px \pm k\sqrt{p^2 + 1}$ とこの式を p で偏微分した $0 = x \pm \dfrac{kp}{\sqrt{p^2 + 1}}$ とで p を消去すると，特異解は

$$x^2 + y^2 = k^2$$

となる．

また，この問題の解として $x = \pm k$ もあるが，これは関数でないので微分方程式の解としてでてこない．しかし，一般解で $C \to \infty$ とすると得られる． ■

▶ 問題 6.4　関数 $y = f(x)$ のグラフ上の任意の点における接線の y 切片が常に接点の y 座標の 2 倍に等しいとき，その関数を求めよ．

6.2 定数係数線形の微分方程式

★ 例題 6.5　図 6.2 の左図のように，質量 m のおもりをバネ定数 k のバネに静かにつるす．また，おもりは速度 v に比例した抵抗 cv を受けるとする．このとき，バネの変位 x は
$$m\frac{d^2x}{dt^2} = -kx - cv = -kx - c\frac{dx}{dt}$$
をみたす．いま，5 kg のおもりをつるすと 0.024 m 伸びるバネに，30 kg のおもりがつるされて静止している．また，抵抗は $120v$ N を受けるとする．おもりを 0.04 m 下へ引いて放したときのバネの変位 x を求めよ．ただし重力加速度は 9.8 N/s^2 とする．

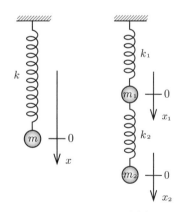

図 6.2　バネによる振動

［解］バネ定数は $k = 5 \times 9.8/0.024 = 2.042 \times 10^3$ N/m だから，x は
$$30\frac{d^2x}{dt^2} + 120\frac{dx}{dt} + 2042x = 0$$
をみたす．これは 3.1 節の定数係数線形微分方程式であるから，特性方程式は
$$30\lambda^2 + 120\lambda + 2042 = 0$$

6.2 定数係数線形の微分方程式

より，有効数字 3 桁で
$$\lambda = -2.00 \pm 8.00i$$
となる．よって
$$x = C_1 e^{-2t} \cos 8t + C_2 e^{-2t} \sin 8t$$
が一般解である．

$t = 0$ のとき $x = 0.04$, $x' = 0$ だから $C_1 = 0.04$, $C_2 = 0.01$ となる．したがって
$$x = 0.04 e^{-2t} \cos 8t + 0.01 e^{-2t} \sin 8t$$
となる． ■

▶ **問題 6.5** 質量 5 kg のおもりをバネ定数 500 N/m のバネに静かにつるす．また，おもりは速度 v m/s に比例した抵抗 $700v$ N を受けるとする．おもりを 0.05 m 下へ引いて放したときのバネの変位を求めよ．

★ **例題 6.6** 質量 m_1, m_2 の 2 つのおもりを，図 6.2 の右図のように，バネ定数 k_1, k_2 の 2 つバネに静かにつるす．抵抗を受けないとすると，変位 x_1, x_2 は
$$\begin{cases} m_1 \dfrac{d^2 x_1}{dt^2} = -(k_1 + k_2)x_1 + k_2 x_2 \\ m_2 \dfrac{d^2 x_2}{dt^2} = k_2 x_1 - k_2 x_2 \end{cases}$$
をみたす．いま，$m_1 = 30$ kg, $m_2 = 20$ kg とし，$k_1 = 10$ N/m, $k_2 = 20$ N/m とする．質量 m_2 のおもりだけを 0.4 m 下へ引いて放したときの変位 x_1, x_2 を求めよ．

［解］ 変位 x_1, x_2 は
$$\begin{cases} 30 \dfrac{d^2 x_1}{dt^2} = -30 x_1 + 20 x_2 \\ 20 \dfrac{d^2 x_2}{dt^2} = 20 x_1 - 20 x_2 \end{cases}$$
をみたすから，行列で表すと $D = \dfrac{d}{dt}$ として

$$\begin{pmatrix} 3D^2+3 & -2 \\ -1 & D^2+1 \end{pmatrix} \begin{pmatrix} x_1 \\ x_2 \end{pmatrix} = \begin{pmatrix} 0 \\ 0 \end{pmatrix}$$

となる．3.6 節の例題 3.14 と同様の方法で

$$\begin{vmatrix} 3k^2+3 & -2 \\ -1 & k^2+1 \end{vmatrix} = 3k^4+6k^2+1 = 0$$

より $k^2 = -1 \pm \dfrac{\sqrt{6}}{3}$ だから，特性方程式の解は $k = \pm 0.428i, \pm 1.348i$ より $\alpha = 0.428, \beta = 1.348$ として

$$x_2 = C_1 \cos\alpha t + C_2 \sin\alpha t + C_3 \cos\beta t + C_4 \sin\beta t$$

と書ける．$x_1 = x_2'' + x_2$ より

$$x_1 = 0.817(C_1 \cos\alpha t + C_2 \sin\alpha t - C_3 \cos\beta t - C_4 \sin\beta t)$$

となる．初期条件

$$x_1(0) = 0, \ x_1'(0) = 0, \ x_2(0) = 0.4, \ x_2'(0) = 0$$

より $C_1 = 0.2, C_2 = 0, C_3 = 0.2, C_4 = 0$ だから

$$\begin{cases} x_1 = 0.163(\cos 0.428t - \cos 1.348t) \\ x_2 = 0.2(\cos 0.428t + \cos 1.348t) \end{cases}$$

となる． ∎

▶ **問題 6.6** 例題 6.6 において，$m_1 = 30$ kg，$m_2 = 10$ kg とし，$k_1 = 30$ N/m，$k_2 = 10$ N/m とする．質量 m_1 のおもりだけを 0.01 m 下へ引いて放したときの変位 x_1, x_2 を求めよ．

★ **例題 6.7** 図 6.3 のように，インダクタンスが 0.1 ヘンリーのコイル L，20 オームの抵抗 R，容量が 20 マイクロファラドのコンデンサー C と，$v = 100$ ボルトの起電力からなる電気回路がある．このとき，電荷 q は

$$0.1 \frac{d^2q}{dt^2} + 20 \frac{dq}{dt} + \frac{1}{20 \times 10^{-6}} q = 100$$

をみたす．初期条件が $t = 0$ のとき，$q = 0, i = \dfrac{dq}{dt} = 0$ のもとでこの微分方程式を解け．

6.2 定数係数線形の微分方程式

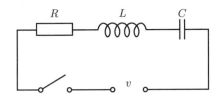

図 6.3　電気回路

［解］　与式は
$$\frac{d^2q}{dt^2} + 200\frac{dq}{dt} + 50000q = 1000$$
となり，2 階定数係数線形である．特性方程式は
$$k^2 + 200k + 50000 = 0$$
なので，$k = -100 \pm 200i$ より，$e^{-100t}\cos 200t$, $e^{-100t}\sin 200t$ が解の基本系となる．特解は，記号解法で
$$\frac{1}{D^2 + 200D + 50000}1000e^{0t} = \frac{1000}{50000} = \frac{1}{50}$$
となるから
$$q = \frac{1}{50} + Ae^{-100t}\cos 200t + Be^{-100t}\sin 200t$$
が一般解となる．

また，電流 i は
$$i = \frac{dq}{dt} = 100e^{-100t}\{(2B - A)\cos 200t - (2A + B)\sin 200t\}$$
となるから，初期条件より，$A = -\frac{1}{50}, B = -\frac{1}{100}$ となる．よって
$$q = \frac{1}{50} - \frac{1}{100}e^{-100t}(2\cos 200t + \sin 200t)$$
であり
$$i = 5e^{-100t}\sin 200t \tag{6.2}$$
となる．　■

♦**MEMO**　例題 6.7 で電流 i のみたす微分方程式は，ディラックのデルタ関数 $\delta(t)$ (p.48 参照) を用いて
$$0.1\frac{d^2i}{dt^2} + 20\frac{di}{dt} + \frac{1}{20 \times 10^{-6}}i = 100\,\delta(t)$$

と表せる．そこで $i(0) = 0$ の条件のもとで，ラプラス変換を用いる方法で解けば，式 (6.2) を得る．

▶ **問題 6.7** 例題 6.7 において，交流の起電力を $v = 100\cos 200t$ にした場合について解け．

6.3 1次元の波動方程式

xy 平面で x 軸の近くで振動する弦を考える．弦上の各点は y 軸に平行に振動し，張力 T が弦に働く唯一の力であって，しかも一定とする．このとき，x 座標が x の弦上の点の時刻 t における y 座標を $y(x,t)$ とすると

$$\rho\frac{\partial^2 y}{\partial t^2} = T\frac{\partial^2 y}{\partial x^2}$$

をみたす．これを **1 次元の波動方程式** という．ここで，ρ は弦の密度で一定とする．$\dfrac{T}{\rho} = c^2$ とおくと，

$$\frac{\partial^2 y}{\partial t^2} = c^2\frac{\partial^2 y}{\partial x^2}, \quad \text{または} \quad \left(D_t{}^2 - c^2 D_x{}^2\right) y = 0 \tag{6.3}$$

だから，定数係数同次線形偏微分方程式である．よって，5.2 節より

$$y = f(x + ct) + g(x - ct)$$

が一般解である．ここで，f, g は任意の関数である．

いま，図 6.4 のように，長さ l の弦が両端の 2 点 $x = 0, l$ で x 軸に固定されているとする．すなわち，

$$y(0,\ t) = 0, \qquad y(l,\ t) = 0 \tag{6.4}$$

をみたすとする．このような条件を **境界条件** という．

さらに，弦の最初の位置を $y = \varphi(x)$，弦の最初の速度を $\dfrac{dy}{dt} = \psi(x)$ とすれば

$$y(x,\ 0) = \varphi(x), \qquad \frac{\partial}{\partial t}y(x,\ 0) = \psi(x). \tag{6.5}$$

このような条件を **初期条件** という．

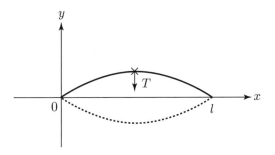

図 6.4 弦 の 振 動

もし，初期条件のみであれば，5.3 節の例題 5.5(1) のように求めることができ，一般に

$$y = \frac{1}{2}\{\varphi(x+ct)+\varphi(x-ct)\} + \frac{1}{2c}\int_{x-ct}^{x+ct}\psi(x)\,dx \tag{6.6}$$

となる．これを**ストークスの公式**，または**ダランベールの解**という．

関数 $\varphi(x),\ \psi(x)$ は，弦の存在する範囲 $0 \leqq x \leqq l$ で定義されている．一方，境界条件をもつ場合，関数 $\varphi(x),\ \psi(x)$ が奇関数となるように全区間 $-\infty < x < \infty$ に拡張しなければ，解を求めることができない．このとき，関数 $\varphi(x),\ \psi(x)$ は

$$\begin{cases} \varphi(x) = \sum\limits_{n=1}^{\infty} b_n \sin\dfrac{n\pi x}{l}, \\ \psi(x) = \sum\limits_{n=1}^{\infty} c_n \sin\dfrac{n\pi x}{l} \end{cases} \tag{6.7}$$

と**フーリエ正弦展開**できる．ここで，係数 b_n, c_n は

$$b_n = \frac{2}{l}\int_0^l \varphi(x)\sin\frac{n\pi x}{l}\,dx,$$

$$c_n = \frac{2}{l}\int_0^l \psi(x)\sin\frac{n\pi x}{l}\,dx$$

で与えられる．よって，式 (6.7) をストークスの公式 (6.6) に代入すると

$$y(x,t) = \sum_{n=1}^{\infty}\left(b_n\cos\frac{n\pi ct}{l} + \frac{c_n}{n\pi c}\sin\frac{n\pi ct}{l}\right)\sin\frac{n\pi x}{l} \tag{6.8}$$

となる．

★ **例題 6.8** 1次元の波動方程式

$$\begin{cases} \dfrac{\partial^2 y}{\partial t^2} = c^2 \dfrac{\partial^2 y}{\partial x^2} \quad (0 < x < l) \\ y(0,\,t) = y(l,\,t) = 0 \\ y(x,\,0) = \dfrac{4h}{l^2} x(l-x), \quad \dfrac{\partial}{\partial t} y(x,\,0) = 0 \end{cases}$$

をみたす解 $y = y(x,\,t)$ を求めよ．

[解] 式 (6.7) より

$$\dfrac{4h}{l^2} x(l-x) = \sum_{n=1}^{\infty} b_n \sin \dfrac{n\pi x}{l}, \qquad 0 = \sum_{n=1}^{\infty} c_n \sin \dfrac{n\pi x}{l}$$

より, $c_n = 0$ であり

$$\begin{aligned} b_n &= \dfrac{8h}{l^3} \int_0^l x(l-x) \sin \dfrac{n\pi x}{l} \, dx \\ &= \dfrac{8h}{l^2 n\pi} \left\{ \left[-x(l-x) \cos \dfrac{n\pi x}{l} \right]_0^l + \int_0^l (l-2x) \cos \dfrac{n\pi x}{l} \, dx \right\} \\ &= \dfrac{8h}{l n^2 \pi^2} \left\{ \left[(l-2x) \sin \dfrac{n\pi x}{l} \right]_0^l + \int_0^l 2 \sin \dfrac{n\pi x}{l} \, dx \right\} \\ &= \dfrac{16h}{n^3 \pi^3} \left[-\cos \dfrac{n\pi x}{l} \right]_0^l = \dfrac{16h(1-(-1)^n)}{n^3 \pi^3} \end{aligned}$$

だから，式 (6.8) より，求める解は

$$y(x,\,t) = \dfrac{16h}{\pi^3} \sum_{n=1}^{\infty} \dfrac{1-(-1)^n}{n^3} \cos \dfrac{n\pi c t}{l} \sin \dfrac{n\pi x}{l}$$

となる． ■

▶ **問題 6.8** 1次元の波動方程式

$$\begin{cases} \dfrac{\partial^2 y}{\partial t^2} = c^2 \dfrac{\partial^2 y}{\partial x^2} \quad (0 < x < l) \\ y(0,\,t) = y(l,\,t) = 0 \\ y(x,\,0) = f(x), \quad \dfrac{\partial}{\partial t} y(x,\,0) = 0 \end{cases}$$

をみたす解 $u = u(x,\,y)$ を求めよ．ただし，

$$f(x) = \begin{cases} \dfrac{2h}{l} x & (0 \leqq x < \dfrac{l}{2}) \\ \dfrac{2h}{l} (l-x) & (\dfrac{l}{2} \leqq x \leqq l) \end{cases}$$

である．

6.4 変数分離法

ここでは，別の方法で 1 次元波動方程式 (6.3) を解いてみよう．この方法は**変数分離法**とよばれる．解のうち，境界条件 (6.4) をみたし，しかも

$$y = X(x)T(t)$$

の形のものを求める．これを式 (6.3) に代入すると

$$X(x)T''(t) = c^2 X''(x)T(t)$$

だから

$$\frac{X''(x)}{X(x)} = c^2 \frac{T''(t)}{T(t)} = k$$

となる．ここで k は定数である．なぜならば，1 番目の式は t を含まず，2 番目の式は x を含まないからである．もし，$k > 0$ ならば

$$X(x) = Ae^{\sqrt{k}x} + Be^{-\sqrt{k}x}$$

となるが，境界条件より $X(0) = X(l) = 0$ だから $A = B = 0$ となり不適．$k = 0$ ならば

$$X(x) = A + Bx$$

だからこれも不適．よって $k < 0$ であり，$k = -m^2$ とおける．よって

$$X''(x) = -m^2 X(x),$$
$$T''(t) = -c^2 m^2 T(t)$$

となり，これらは 2 階定数係数線形であるから，その一般解は

$$X(x) = A\cos mx + B\sin mx,$$
$$T(t) = C\cos cmt + D\sin cmt$$

となる．

ここで $X(0) = X(l) = 0$ だから $A = 0$ であり $B\sin ml = 0$ より $ml = n\pi$ (n は整数) となる．よって，各 n に対して

$$X_n = \sin \frac{n\pi x}{l},$$
$$T_n = C_n \cos \frac{n\pi ct}{l} + D_n \sin \frac{n\pi ct}{l}$$

とおくと，$X_n T_n$ は偏微分方程式 (6.3) の解で境界条件 (6.4) をみたす．さら

に，合成したもの

$$y(x,t) = \sum_{n=1}^{\infty} X_n(x)T_n(t)$$
$$= \sum_{n=1}^{\infty} \left(C_n \cos \frac{n\pi ct}{l} + D_n \sin \frac{n\pi ct}{l} \right) \sin \frac{n\pi x}{l}$$

もそうである．よって，初期条件 (6.5) より

$$\varphi(x) = \sum_{n=1}^{\infty} B_n \sin \frac{n\pi x}{l}, \qquad \psi(x) = \sum_{n=1}^{\infty} \frac{n\pi c}{l} C_n \sin \frac{n\pi x}{l}$$

となり，(6.8) と同じになる．

▶ 問題 6.9　ラプラス方程式

$$\begin{cases} \dfrac{\partial^2 u}{\partial x^2} + \dfrac{\partial^2 u}{\partial y^2} = 0 & (0 < x < \pi,\ 0 < y < \pi) \\ u(0,\ y) = u(\pi,\ y) = 0 \\ u(x,\ 0) = \sin x, \quad u(x,\ \pi) = 0 \end{cases}$$

をみたす解 $u = u(x,y)$ を変数分離法で求めよ．

6.5　章末問題

1. ある曲線上の任意の点における接線の傾きは，原点とその接点を結ぶ直線の傾きの半分であるという．この曲線の方程式を求めよ．

2. 底面の直径 4 m，高さ 3 m の円柱形のタンクに水がいっぱいに入っている．いま，タンクの底に直径 4 cm の穴が開き，深さ h m まで入っているとき $v = 2.5\sqrt{h}$ m/s の速度で穴から流れ出すとすると，タンクが空になるまでどれだけの時間がかかるか．

3. はじめ，タンク A に 100 kg の食塩が溶けた 500 L の食塩水が入っていて，タンク B には真水 200 L が入っていたとする．タンク A からタンク B へ毎分 15 L の速さで流し込み，タンク B からタンク A へ毎分 10 L の速さで流し込む．各タンクはよくかき混ぜるものとすると，50 分後にタンク A は，何 kg の食塩を含むことになるか．

4. 熱伝導方程式

$$\begin{cases} \dfrac{\partial u}{\partial t} = \dfrac{\partial^2 u}{\partial x^2} & (0 < x < \pi) \\ u(0,\ x) = \sin 3x \\ u(t,\ 0) = 0, \quad u(t,\ \pi) = 0 \end{cases}$$

をみたす解 $u = u(t,x)$ を変数分離法で求めよ．

総合演習問題

第 1 回　(例題 1.1, 問題 1.1, 例題 2.1)

1. 次の不定積分を求めよ.

(a) $\int (2x+1)\,dx$　　(b) $\int \dfrac{1}{x+1}\,dx$　　(c) $\int \dfrac{1}{y+2}\,dy$

(d) $\int 3x^2\,dx$　　(e) $\int 2x\cos x^2\,dx$　　(f) $\int 3x^2 e^{x^3}\,dx$

(g) $\int \dfrac{2u}{u^2+1}\,du$　　(h) $\int 2xe^{-\frac{x^2}{2}}\,dx$　　(i) $\int \dfrac{\cos x}{\sin x}\,dx$

(j) $\int x\sin x\,dx$　　(k) $\int (x+1)e^x\,dx$　　(l) $\int x\log x\,dx$

2. 次の微分方程式を解け.

(a) $y' = x^2+1$　　(b) $y' = \sin x$　　(c) $y' = e^{2x}$　　(d) $y' = \dfrac{2}{x}$　　(e) $y'' = x^2$

3. 次を簡単にせよ.

(a) $e^{\log x}$　　(b) $e^{2\log x}$　　(c) $e^{\int \frac{1}{x}dx}$　　(d) $e^{-\int \frac{2}{x}dx}$　　(e) $e^{\int \frac{3}{x}dx}$

4. 次の曲線群の微分方程式を求めよ.

(a) $y = Ce^x$　　(b) $y = Cx^2$　　(c) $y = \dfrac{C}{x}$　　(d) $y^2 = 4Cx$　　(e) $x^2+y^2 = 2Cx$

第 2 回　(例題 2.2, 問題 2.3)

5. 次の変数分離形の微分方程式の一般解を求めよ.

(a) $y' = 2xy$　　(b) $y' = 2x(y+1)$　　(c) $y' = 3x^2(y+2)$　　(d) $y' = -\dfrac{y}{x}$

(e) $y' = y$　　(f) $y' = -\dfrac{2x}{y}$　　(g) $y' = x\left(\dfrac{y^2+1}{2y}\right)$

第 3 回 (例題 2.8, 例題 2.9)

6. 次の 1 階線形の微分方程式の一般解を求めよ.

(a) $y' = y + 1$ (b) $y' = 2y + e^{2x}$ (c) $y' = \dfrac{1}{x}y - 2x$

(d) $y' = \dfrac{3}{x}y + x^3 e^x$ (e) $y' = \dfrac{3}{x}y + x^2$ (f) $y' = \dfrac{1}{x}y + x^2$

(g) $y' = xy - 2x$ (h) $y' = -2xy + 4x$ (i) $y' = y + x$

(j) $y' = -y - x$

第 4 回 (例題 2.4, 例題 2.10)

7. 次の同次形の微分方程式の一般解を求めよ.

(a) $y' = 2\dfrac{y}{x}$ (b) $y' = \dfrac{x^2 + y^2}{xy}$ (c) $y' = \dfrac{(x-y)y}{x^2}$

(d) $y' = \dfrac{x}{2y} + \dfrac{3y}{2x}$ (e) $y' = \dfrac{y^2 - x^2}{2xy}$ (f) $y' = -3 - \dfrac{y}{x}$

8. 次のベルヌイ形の微分方程式の一般解を求めよ.

(a) $y' = y - y^2$ (b) $y' = -\dfrac{y}{x} - xy^2$ (c) $2xy' + y = -2x^3 y^3$

(d) $y' - xy = xy^3$ (e) $xy' + y = -(2x^3 + x^2)y^2$ (f) $xy' = -2y + 6x^2 \sqrt{y}$

第 5 回 (例題 6.1, 問題 6.1)

9. 次の問題を解け.

(a) 高温の物質が温度の保たれた空気中で冷却される速度は,その物質の温度と空気との温度差に比例する.もし,空気の温度が $10\,°\mathrm{C}$ で,初め $100\,°\mathrm{C}$ の物質が 15 分後に $70\,°\mathrm{C}$ に冷却されるとき,物質の温度が $40\,°\mathrm{C}$ になるのは初めから何分後か.

(b) あるバクテリアの増加率は,各時刻でのバクテリアの個体数に比例するという.このバクテリアの個体数が 1 時間で 2 倍になるとき,4 時間後には最初の何倍になるか.

(c) あるウイルスの増加率は,各時刻でのウイルスの個体数の平方根に比例するという.このウイルスの個体数が 4 時間で 4 倍になるとき,12 時間後には最初の何倍になるか.

(d) ある放射性元素は,そのときに存在する質量に比例する速さで崩壊する.この放射性物質 100 g のうち 50 g が崩壊するのに 10 年かかるとすると,100 g 中 75 g が崩壊するのに何年かかるか.

(e) ある細菌の増加率 $\dfrac{dx}{dt}$ は,各時点 t での個体数 x と,宿主における飽和数 k (定数) と各時点での個体数 x との差 $k - x$ との積に比例するという.個体数を時間 t の関数で表せ.

10. 次の問題を解け．

(a) 空気抵抗のある落下運動の方程式
$$m\frac{dv}{dt} = mg - av, \qquad v(0) = v_0$$
を解け．ただし，a は定数，g は重力加速度，m は質量，v_0 は初期速度とする．

(b) $x > 0$ のとき，曲線上の点 P (x, y) において，P における接線の y 切片は常に $2x$ であるという条件をみたす曲線を求めよ．

(c) ゴーカートが平らな道を走っている．運転者を含むゴーカートの全質量は $250\,\text{kg}$ である．道の上を走行するときの車輪等の影響は無視できるが，空気抵抗がゴーカートの速度 v m/s の 50 倍に等しいとする．このとき，力の関係
$$\text{質量 (kg)} \times \text{加速度} \frac{dv}{dt}\ (\text{m/s}^2) = \text{推進力} - \text{抵抗力}$$
を用いて，次の問いに答えよ．

(1) 一定の推進力を F (N) として，微分方程式をつくれ．
(2) 初期条件 $v(0) = 0$ のもとで (1) の微分方程式を解け．
(3) 最終速度を 10 m/s にするような一定の推進力 F を求めよ．

第 6 回　(例題 3.1, 例題 3.2)

11. 次の微分方程式の一般解を求めよ．

(a) $y'' - 3y' + 2y = 0$　　(b) $y'' - 6y' + 9y = 0$　　(c) $y'' - 2y' + 10y = 0$

(d) $y'' + y' - 6y = 0$　　(e) $y'' - 2y' + y = 0$　　(f) $y'' - 4y' + 40y = 0$

(g) $y'' - y' = 0$　　(h) $y''' - y'' + 4y' - 4y = 0$

12. 問題 11 (a), (b) で得た答えが問題の微分方程式をみたすことを確認せよ．

第 7 回　(例題 3.6)

13. 次を計算せよ．ただし，$D = \frac{d}{dx}$ は微分演算子である．

(a) Dx^2　　(b) De^x　　(c) $D\log x$　　(d) $(D-1)x^2$　　(e) $(D-1)e^x$

(f) $(D^2 + 3D + 2)e^{3x}$　　(g) $(D+1)(D+2)(x^2 + x + 1)$　　(h) $(D^2 - 3D + 4)(x^2 + x)$

14. 次を計算せよ．ただし，$D = \frac{d}{dx}$ は微分演算子である．

(a) $D\sin x$　　(b) $D\cos x$　　(c) $(D-1)\log x$　　(d) $(D-1)\sin x$

(e) $(D-1)\cos x$　　(f) $(D^2 + 2D - 3)x^2$　　(g) $(D^2 + 3D + 2)e^x$

(h) $(D+1)(D+2)e^x$　　(i) $(D+2)(D+1)e^x$

第 8 回　(例題 3.7(1), 問題 3.7(1))

15. 次の計算をせよ．ただし，$D = \frac{d}{dx}$ は微分演算子である．

(a) $\dfrac{1}{D+1}e^x$ 　　(b) $\dfrac{1}{D+2}e^{2x}$ 　　(c) $\dfrac{1}{D-2}e^{-x}$

(d) $\dfrac{1}{D^2+D+2}e^x$ 　　(e) $\dfrac{1}{D+4}1$ 　　(f) $\dfrac{1}{D^2-D-1}3e^{3x}$

(g) $\dfrac{1}{(D+1)(D-2)}e^{3x}$ 　　(h) $\dfrac{1}{D^3-2D^2+D+1}e^{2x}$

16. 次の微分方程式を記号解法で解け．

(a) $y'' - 3y' + 2y = e^{3x}$ 　　(b) $y'' - 6y' + 9y = e^x$

(c) $y'' - 2y' + 10y = e^{-x}$ 　　(d) $y'' + y' - 6y = 3$

(e) $y'' - 2y' + y = e^{2x} + e^{3x}$ 　　(f) $y'' - 4y' + 40y = 9e^{2x}$

(g) $y'' - y' = \dfrac{e^{2x} + e^{-2x}}{2} = \cosh 2x$ 　　(h) $y''' - y'' + 4y' - 4y = -10e^{-x}$

第 9 回　(例題 3.7(4), 問題 3.7(4), 問題 3.6(4))

17. 次の計算をせよ．ただし，$D = \frac{d}{dx}$ は微分演算子である．

(a) $\dfrac{1}{D+1}\sin x$ 　　(b) $\dfrac{1}{D+2}\cos x$ 　　(c) $\dfrac{1}{D-2}\cos 2x$

(d) $\dfrac{1}{D^2+D+1}\sin 2x$ 　　(e) $\dfrac{1}{D^2-2D-3}\sin x$ 　　(f) $\dfrac{1}{D^2+2D+4}\cos 2x$

(g) $\dfrac{1}{(D+1)(D+2)}\sin 3x$ 　　(h) $\dfrac{1}{D^2+9}\cos 3x$

18. 次の微分方程式の一般解を求めよ．

(a) $y' + y = \sin x$ 　　(b) $y' + 2y = \cos x$

(c) $y' - 2y = \cos 2x$ 　　(d) $y' + y = \sin 2x + 2\cos 2x$

(e) $y'' - 2y' - 3y = \sin x$ 　　(f) $y'' + 2y' + 4y = \cos 2x$

(g) $y'' + 3y' + 2y = \sin 3x$ 　　(h) $y'' + 9y = \cos 3x$

第 10 回　(例題 3.7(5), 問題 3.6(5), 問題 3.7(3))

19. 次の計算をせよ．ただし，$D = \frac{d}{dx}$ は微分演算子である．

(a) $\dfrac{1}{D-1}x$ 　　(b) $\dfrac{1}{D-1}(x^2+x)$ 　　(c) $\dfrac{1}{D-2}x$

(d) $\dfrac{1}{(D-1)(D+1)}x^2$ 　　(e) $\dfrac{1}{(D-1)(D-2)}x$

(f) $\dfrac{1}{(D-1)(D-2)}(x^2-2x-1)$

20. 次の微分方程式の一般解を求めよ．

(a) $y' - y = x^2$　　(b) $y' + y = x + 3$　　(c) $y' - 2y = 2x + 3$

(d) $y' + y = x^2$　　(e) $y'' - y' - 2y = x^2$　　(f) $y'' + 2y' + 4y = 2x^2 + 3$

第 11 回　(例題 3.7(2), 例題 3.7(6), 例題 3.8(1))

21. 次の計算をせよ．ただし，$D = \frac{d}{dx}$ は微分演算子である．

(a) $\dfrac{1}{D}x$　　(b) $\dfrac{1}{D^2}x$　　(c) $\dfrac{1}{D-2}e^{2x}$

(d) $\dfrac{1}{D^2 + D - 6}e^{2x}$　　(e) $\dfrac{1}{D-1}xe^x$　　(f) $\dfrac{1}{D^2 - 4D + 4}xe^{2x}$

(g) $\dfrac{1}{D+1}xe^x$　　(h) $\dfrac{1}{D^2 - 3D + 2}e^x \sin x$　　(h) $\dfrac{1}{D}e^{\alpha x}\sin \beta x$

22. 次の微分方程式の一般解を求めよ．

(a) $y' - 3y = e^{3x}$　　(b) $y'' - 3y' + 2y = e^x$

(c) $y'' + 2y' + y = xe^{-x}$　　(d) $y'' - 3y' + 2y = xe^x$

(e) $y'' - 4y = x^2 e^{3x}$　　(f) $y'' + 2y' + 4y = e^{-x}\cos 2x$

第 12 回　(例題 3.12, 例題 3.13)

23. 次の連立微分方程式を解け．

(a) $\begin{cases} y' - z = 0 \\ y + z = 0 \end{cases}$　　(b) $\begin{cases} y' - 2z = 0 \\ 2y + z' = 0 \end{cases}$

(c) $\begin{cases} y' - z = 0 \\ y + z' = e^x \end{cases}$　　(d) $\begin{cases} y' + z = 1 \\ y + z' = -3e^{2x} \end{cases}$

(e) $\begin{cases} y' - z = e^{2x} \\ -y + z' = e^{2x} \end{cases}$　　(f) $\begin{cases} y' + 2y + 3z = 0 \\ 3y + z' + 2z = 2e^{2x} \end{cases}$

(g) $\begin{cases} y' + z' - 2z = e^x \\ y' - y + 2z' - 4z = 0 \end{cases}$　　(h) $\begin{cases} y' - y + z' = 2x + 1 \\ 2y' + y + 2z' = x \end{cases}$

第 13 回　(例題 3.14, 例題 6.5)

24. 次の微分方程式を解け．(ただし $x > 0$)

(a) $x^2 y'' + 4xy' + 2y = 0$　　(b) $x^2 y'' - 5xy' + 9y = 0$

(c) $x^2 y'' - 2y = 0$　　(d) $x^2 y'' - xy' + 10y = 0$

(e) $x^2 y'' - 2xy' + 2y = 2x^3$　　(f) $x^2 y'' - 3xy' + 5y = 25\log x$

25. 次の問いに答えよ．

(a) バネの単振動の方程式
$$mx''(t) = -kx(t), \qquad x(0) = x_0,\ x'(0) = v_0$$
を解け．ただし，m は質量，$k > 0$ はバネ定数で，$\omega = \sqrt{\dfrac{k}{m}}$ とおく．(x_0, v_0 は初期値である．)

(b) 速度に比例した抵抗のある単振動の方程式
$$mx''(t) = -kx(t) - 2m\gamma x'(t), \qquad x(0) = x_0,\ x'(0) = v_0$$
を次の3つの場合の分けて解け．ただし，m は質量，$k > 0$ はバネ定数，$\gamma > 0$ も定数で，$\omega = \sqrt{\dfrac{k}{m}}$ とおく．(x_0, v_0 は初期値である．)

(1) $\gamma > \omega$ の場合　　(2) $0 < \gamma < \omega$ の場合　　(3) $\gamma = \omega$ の場合

第 14 回　(例題 1.1, 例題 2.1, 例題 2.8)

26. 次を簡単にせよ．

(a) $e^{\log x}$　　(b) $e^{2\log x}$　　(c) $e^{-\int \frac{1}{x}dx}$

27. 次の曲線群の微分方程式を求めよ．

(a) $y = Ce^{2x}$　　(b) $y = 1 + Cx$　　(c) $x^2 + 2y^2 = C$

28. 次の微分方程式を解け．(e) 以降は初期値問題である．

(a) $y' = x^2 + 3x + 2$　　　　　(b) $y' = e^{2x}$

(c) $y' = 2x(y-1)$　　　　　　(d) $y' = -\dfrac{x}{2y}$

(e) $y' = -\dfrac{y}{x}$　$(y(1) = 2)$　　(f) $y' = 2y$　$(y(0) = 1)$

(g) $y' = \dfrac{x(y^2+1)}{2y}$　$(y(0) = 0)$　(h) $y' = y^2 + 1$　$(y(0) = 0)$

29. 次の微分方程式を解け．

(a) $y' = \dfrac{1}{x}y + x$　　(b) $y' = \dfrac{3}{x}y + e^x x^3$　　(c) $y' = \dfrac{3y}{x} + x^2$

(d) $xy' - y = x^3$　　(e) $y' + \dfrac{2y}{x} = \dfrac{1}{x^2}$　　(f) $y' + xy = x$

(g) $y' = \dfrac{y}{x} + 1 + 2x^2$　　(h) $y' = 3y + 2e^x$　　(i) $xy' + y = xe^x$

総合演習問題

第 15 回 （例題 2.4, 問題 2.5(1), 例題 2.6）

30. 次の微分方程式を同次形の解法で解け.

(a) $y' = 1 + 2\dfrac{y}{x}$ (b) $y' = \dfrac{x}{y}$ (c) $y' = \dfrac{x-y}{x+y}$

(d) $y' = \dfrac{5x-y}{x+3y}$ (e) $y' = \dfrac{(x+y)y}{x^2}$ (f) $y' = \dfrac{x^3+4y^3}{3xy^2}$

(g) $y' = \dfrac{y}{x} + e^{\frac{y}{x}}$ (h) $y' = \dfrac{y^2+2xy}{x^2}$

第 16 回 （例題 2.10, 問題 2.9(1)）

31. 次の微分方程式をベルヌイ形の解法で解け.

(a) $y' = -y + y^2$ (b) $y' = \dfrac{y}{x} - 4y^2$ (c) $y' = -\dfrac{2y}{x} + x^2y^2$

(d) $y' = \dfrac{2y}{x} - \dfrac{2y}{x}\sqrt{y}$ (e) $y' = -\dfrac{y}{x} + (x^2+1)y^2$ (f) $y' = \dfrac{y^2-x^2-1}{2xy}$

(g) $y' = \dfrac{y^3-2x^3-1}{3xy^2}$ (h) $y' = \dfrac{y\cos x}{3\sin x} + \dfrac{y^4}{3}$

第 17 回 （例題 2.11, 例題 2.12, 例題 2.13）

32. 次の微分方程式を解け.

(a) $(y+2)\,dx + (x-1)\,dy = 0$

(b) $(3x^2+4y)\,dx + (4x+3y^2)\,dy = 0$

(c) $(2x+3y+5)\,dx + (3x+6y+1)\,dy = 0$

(d) $(3x^2-y)\,dx - (x+2y)\,dy = 0$

(e) $(\cos y + y\cos x)\,dx + (\sin x - x\sin y)\,dy = 0$

(f) $e^y\,dx + (xe^y + 2y)\,dy = 0$

(g) $(2x + ye^{xy})\,dx + (\sin y + xe^{xy})\,dy = 0$

(h) $x(x-2y^2)\,dx + 2y(2y^2-x^2)\,dy = 0$

第 18 回 （例題 2.16, 問題 2.13(1)）

33. 次の微分方程式について，積分因子を求めて解け.

(a) $y\,dx - x\,dy = 0$

(b) $(2x^2-y^2-3x)\,dx - xy\,dy = 0$

(c) $(2y^4+9xy)\,dx + (3x^2+4xy^3)\,dy = 0$

(d) $(2x^2+xy-1)\,dx + x^2\,dy = 0$

(e) $y\,dx - (3y^2+x)\,dy = 0$

(f) $(x^2 + y^2 + 2x)\,dx + 2y\,dy = 0$

(g) $(3x^2 - y^3)\,dx + (x^3 - xy^3 - 3xy^2)\,dy = 0$

(h) $(x^2 + y^2 - 2y)\,dx + 2x\,dy = 0$

第 19 回　(例題 2.19, 問題 2.15(1))

34. 次の微分方程式を解け.

(a) $y = xy' + (y')^2$ (b) $y = xy' + y' - (y')^2$ (c) $y = xy' - \dfrac{1}{2}(y')^2$

(d) $y = xy' - e^{y'}$ (e) $y = xy' - 2\log y'$ (f) $y = 3xy' + x^2(y')^3$

35. 問題 34(a), (d) において，一般解と特異解のグラフを描いて，位置関係を調べよ.

第 20 回　(例題 3.1, 例題 3.4, 問題 3.3)

36. 次の微分方程式の一般解を求めよ.

(a) $y'' - 3y' + 2y = 0$ (b) $y'' - 6y' + 9y = 0$ (c) $y'' - 2y' + 10y = 0$

(d) $y'' + y' - 6y = 0$ (e) $y'' - 2y' + y = 0$ (f) $y'' - 4y' + 40y = 0$

37. 次の微分方程式の特殊解を未定係数法で求め，一般解を求めよ.

(a) $y'' - 3y' + 2y = x + 1$ (b) $y'' - 6y' + 9y = e^{2x}$

(c) $y'' - 2y' + 10y = \sin x$ (d) $y'' + y' - 6y = x^2$

(e) $y'' - 2y' + y = -25\cos 2x$ (f) $y'' - 4y' + 40y = e^{-x}$

第 21 回　(例題 2.23, 問題 2.18(1), 例題 3.3)

38. 定数変化法を用いて次の微分方程式の一般解を求めよ．ただし，( ) 内は解の基本系とする.

(a) $y'' - 3y' + 2y = 2e^{3x}$ (b) $y'' - y = e^{2x}$

(c) $y'' - \dfrac{2}{x}y' + \dfrac{2}{x^2}y = 2x$, $(x,\ x^2)$ (d) $x^2 y'' + xy' - y = 3x^2$, $(x,\ \dfrac{1}{x})$

(e) $y'' + y' - 6y = xe^{2x}$ (f) $y'' + y = \dfrac{1}{\cos^3 x}$

第 22 回　(例題 4.1, 例題 4.3)

39. 次の微分方程式の解をベキ級数法により 3 次の項まで求めよ.

(a) $y' = y + 1$, $y(0) = 1$ (b) $y' = 2y - x$, $y(0) = 1$

(c) $y' = xy + 1$, $y(0) = 1$ (d) $y' = y + e^x y^2$, $y(0) = 1$

40. 次の微分方程式の解をベキ級数法により求めよ．

(a) $y' = y + 2$, $\quad y(0) = 1$ $\qquad$ (b) $y' = y + 3x$, $\quad y(0) = 1$

(c) $y' = 2y + x - 1$, $\quad y(0) = 1$ $\qquad$ (d) $y' = xy$, $\quad y(0) = 1$

第 23 回　（例題 4.4, 問題 4.3(1)）

41. 次の微分方程式の解をベキ級数法により 6 次の項まで求めよ．

(a) $y'' - y = 0$, $\quad y(0) = 1$, $y'(0) = 1$

(b) $y'' + y = 0$, $\quad y(0) = 1$, $y'(0) = 0$

(c) $y'' + xy' - y = 0$, $\quad y(0) = 0$, $y'(0) = 1$

(d) $y'' - xy' - 2y = 0$, $\quad y(0) = 1$, $y'(0) = 0$

42. 次の微分方程式の解をベキ級数法により求めよ．

(a) $y'' - 4y = 0$ $\qquad$ (b) $(1 + x^2)y'' + 2xy' - 2y = 0$

(c) $(1 - x^2)y'' + 2y = 0$ $\qquad$ (d) $y'' - 4xy' + 4y = 0$

第 24 回　（例題 5.1, 問題 5.1, 問題 5.2(1)）

43. 次の関数のみたす偏微分方程式を求めよ．ただし，$f(t)$ は微分可能な 1 変数関数とする．

(a) $u = ax + by$ $\qquad$ (b) $u = ax^2 + by$ $\qquad$ (c) $u = f(x + y)$

(d) $u = f(x^2 + y^2)$ $\qquad$ (e) $u = f\left(\dfrac{y}{x}\right)$ $\qquad$ (f) $u = xf(2x + 3y)$

44. 次の偏微分方程式の一般解を求めよ．ただし，$u_x = \dfrac{\partial u}{\partial x}, u_y = \dfrac{\partial u}{\partial y}$ とする．

(a) $u_x - 2u_y = 0$ $\qquad$ (b) $2u_x + 3u_y = 0$ $\qquad$ (c) $2u_x + u_y = 1$

(d) $u_x - u_y = 2x$ $\qquad$ (e) $u_x + u_y = y$ $\qquad$ (f) $u_x + 2u_y = u$

(g) $xu_x - u_y = x$ $\qquad$ (h) $xu_x - yu_y = u + 1$

第 25 回　（例題 5.2, 例題 5.3）

45. 次の偏微分方程式をみたす解を求めよ．

(a) $u_x + 2u_y = 0$, $\quad u(x, 0) = x$

(b) $u_x - 2u_y = 1$, $\quad u(0, y) = y$

(c) $2u_x + 3u_y = 0$, $\quad u(0, y) = 4y^2$

(d) $u_x - u_y = 2y$, $\quad u(0, y) = y^2$

(e) $u_x - 2u_y = u$, $\quad u(0, y) = e^y$

(f) $xu_x + yu_y = 0$,　　　　　　$u(2, y) = \sin y$

(g) $(y-x)u_x + (x+y)u_y = x - y$,　　$u(0, y) = y^2$

第 26 回　　(例題 5.4, 例題 5.5(1))

46. 次の計算をせよ．

(a) $D_x(x^2 + y^2)$　　　　(b) $D_y(x^2 - 2xy - y^3)$

(c) $(D_x - 2D_y)(2x + y)^2$　　(d) $(D_x{}^2 + D_y{}^2)\sin(xy)$

47. 次の偏微分方程式を解け．

(a) $D_x\, u = 0$　　　　　　(b) $D_x D_y\, u = 0$

(c) $D_y{}^2\, u = 0$　　　　　(d) $(D_x + 2D_y)\, u = 0$

(e) $(D_x + D_y)D_x\, u = 0$　　(f) $(D_x - D_y)(D_x + 2D_y)\, u = 0$

(g) $(D_x{}^2 - 2D_x D_y - 3D_y{}^2)\, u = 0$

48. 次の偏微分方程式をみたす解を求めよ．

(a) $(D_x{}^2 - D_y{}^2)\, u = 0$,　　$u(0, y) = \sin y$,　$u_x(0, y) = 0$

(b) $(D_x{}^2 - 4D_y{}^2)\, u = 0$,　　$u(0, y) = \sin y$,　$u_x(0, y) = \cos y$

模擬試験問題 1　　(範囲：第 1 回〜第 13 回)

$\boxed{1}$　次の問いに答えよ．

(1) 微分方程式 $y' = x^2 y$ の一般解を求めよ．

(2) (1) を用いて，初期値問題 $y' = x^2 y$, $y(0) = 2$ を解け．

$\boxed{2}$　次の微分方程式を解け．ただし，$x > 0$ とする．

(1) $y' = \dfrac{2x^2 + y^2}{xy}$　　(2) $y' = -\dfrac{y}{x} + 3xy^2$　　(3) $x^2 y'' - 5xy' + 9y = 0$

$\boxed{3}$　次の微分方程式の一般解を求めよ．ただし，(3), (4) は記号解法を用いること．

(1) $y'' - 5y' + 6y = 0$　　(2) $y'' - 2y' + 5y = 0$

(3) $y'' - 2y' + y = e^{2x}$　　(4) $y'' + 4y = 2x^2 + 4$

$\boxed{4}$　連立微分方程式 $\begin{cases} y' + y - z = 5 \\ z' - 6y = e^x \end{cases}$　の一般解を求めよ．

$\boxed{5}$　室温が $20\,°\mathrm{C}$ に保たれた部屋に，暖かい緑茶のペットボトルを置いておいた．置いてから t 分後の緑茶の温度を $y = y(t)\,°\mathrm{C}$ とする．このとき，緑茶の冷めていく速度

は緑茶の温度と室温との差に比例する．すなわち，
$$\frac{dy}{dt} = -k(y-20) \quad (k \text{ は定数})$$
が成り立つ．緑茶の温度が 3 分後に 32 °C，6 分後に 24 °C のとき，置いた直後の緑茶の温度を求めよ．

6 次の計算をせよ．ただし，$D = \frac{d}{dx}$ は微分演算子である．

(1) $\dfrac{1}{D^2 + 2D + 2} 2\sin 2x$ (2) $\dfrac{1}{D^2 + D - 6}(x+3)e^{2x}$

模擬試験問題 2 （範囲：第 14 回〜第 26 回）

1 次の微分方程式の一般解を求めよ．(3) は特異解も求めよ．

(1) $y' = \dfrac{2x-y}{x-y}$ (2) $y' = -\dfrac{y}{x} + 2xy^2$ (3) $y = xy' - (y')^4$

2 次の偏微分方程式を解け．

(1) $\dfrac{\partial u}{\partial x} + 2\dfrac{\partial u}{\partial y} = u$ (2) $y\dfrac{\partial u}{\partial x} - x\dfrac{\partial u}{\partial y} = \dfrac{y}{x}u$

3 べき級数法により，次の微分方程式の一般解を求めよ．ただし，(1) は x^3 の項まで求めよ．

(1) $y' = y - 2x^2y^2$, $y(0) = 1$ (2) $y'' + xy' + 2y = 0$

4 次の初期値問題を解け．
$$(2x+3y+4)\,dx + (3x+4y+5)\,dy = 0, \quad (x, y) = (2, -1)$$

5 微分方程式
$$(3xy^3 + 4y)\,dx + (3x^2y^2 + 2x)\,dy = 0$$
を解け．

6 定数変化法を用いて，微分方程式
$$y'' - 2y' - 3y = e^{4x}$$
の一般解を求めよ．

7 偏微分方程式
$$D_x(D_x - D_y)u = 0, \quad u(0, y) = y, \; u_x(0, y) = 2$$
を解け．

問題の略解

第1章 微分方程式

問題 **1.1** (1) $(y')^2 + y^2 = 1$ (2) $y = xy' + (y')^3$ (3) $y'' = y$

問題 **1.2** (1) 特殊解 (2) 一般解 (3) 特異解

章末問題

1. (1) $y' = -\sin x$ (2) $yy' + 2x = 0$
(3) $y' = y - 2e^{-x}$ (4) $y' + y^2 = 0$

2. (1) $y'' \tan x = y'$ (2) $xyy'' + x(y')^2 = yy'$
(3) $(2x-1)y'' - 2y' + (3-2x)y = 0$ (4) $yy'' = 2(y')^2$

3. (1) $y = y'(x-1) + 1$ (2) $y = xy' - \left(\dfrac{y'}{2}\right)^2$
(3) $2xyy' = y^2 - x^2$ (4) $(y'')^2 = ((y')^2 + 1)^3$

第2章 求積法

問題 **2.1** (1) $y = x^2 + C$ (2) $y = e^x + C$ (3) $y = \sin x + C$
(4) $y = \log|x| + C$ (5) $y = \dfrac{1}{12}(2x-1)^6 + C$ (6) $y = \dfrac{1}{10}(x^2+1)^{10} + C$
(7) $y = (x-1)e^x + C$ (8) $y = C_1 x + C_2 + \dfrac{x^3}{6}$

問題 **2.2** (1) $y = 1 + Ce^{x^2}$ (2) $y = Cx$ (3) $y = \dfrac{1 + Ce^{x^2}}{1 - Ce^{x^2}},\ y = -1$
(4) $y = Ce^{-x}$ (5) $y^2 - x^2 = C$ (6) $y = 2\tan(2x + C)$

問題 **2.3** (1) $y = \tan x^3$ (2) $y = x + 4\sqrt{x} + 2$

問題 **2.4** (1) $y = 2x\log|x| + Cx$ (2) $y = \dfrac{x}{\log|x| + C}$ (3) $x^3 - 2y^3 = Cx$

問題の略解

問題 **2.5** (1) $x^2+y^2=x^4$　(2) $5x^2-2xy+5y^2=8$

問題 **2.6** (1) $y=2-x+\tan(x+C)$　(2) $x^2-4xy+y^2+10x-8y=C$
(3) $8y-4x+\log|4x+8y+5|=C$

問題 **2.7** (1) $y=Cx^2$　(2) $y=x^2+Cx$　(3) $y=-2+Ce^{\frac{x^2}{2}}$
(4) $y=Ce^{-x}$　(5) $y=-1+Ce^{x^2}$
(6) $y=\sqrt{x^2+1}\log(x+\sqrt{x^2+1})+C\sqrt{x^2+1}$

問題 **2.8** (1) $y=2e^x-2x-2$　(2) $y=\dfrac{x^3}{4}-\dfrac{4}{x}$

問題 **2.9** (1) $y=\dfrac{x}{x+C}$　(2) $x^2y^2(x+C)=1$　(3) $y=x^4(\log|x|+C)^2$

問題 **2.10** (1) $3x^4+3x^2y^2+y^3=C$　(2) $xe^y+y^3=C$
(3) $x\sin y-y\cos x=C$　(4) $x^2+e^{xy}+\sin y=C$　(5) $x^3+3x^2y-y^3=C$

問題 **2.11** (1) $x^3+xy+y^2=1$　(2) $y\cos x+x^2=1$

問題 **2.12** (1) $x-2y+\log\left|\dfrac{y}{x}\right|=C$　$\left(\dfrac{1}{xy}\right)$
(2) $\tan^{-1}\dfrac{y}{x}+\dfrac{x^4}{4}=C$　$\left(\dfrac{1}{x^2+y^2}\right)$

問題 **2.13** (1) $\dfrac{y^2}{2}+\dfrac{x}{y}=C$　$\left(\dfrac{1}{y^2}\right)$　(2) $ye^x(x^2+y^2)=C$　(e^x)

問題 **2.14** (1) $(y-Ce^x)(y-Ce^{-x})=0$　(2) $(y-Ce^x)(y-x^2-C)=0$

問題 **2.15** (1) $y=Cx+C^3$, $4x^3+27y^2=0$
(2) $y=Cx-\log C$, $y=1-\log\dfrac{1}{x}$　(3) $y=-\dfrac{C}{x}+C^2$, $y=-\dfrac{1}{4x^2}$

問題 **2.16** (1) $y=C_1+C_2e^x+2x$　(2) $y=x+C_1\log|x|+C_2$
(3) $y=\log|x+C_1|+C_2$

問題 **2.17** (1) $(y-1)^2=C_1x+C_2$, $y=C$
(2) $y=Ae^x+Be^{-x}$　$(y\pm\sqrt{y^2+C_1}=C_2e^x)$

問題 **2.18** (1) $y=x^3+C_1x^2+C_2$　$\left(L_1'=\dfrac{3}{2},\ L_2'=-\dfrac{3}{2}x^2\right)$
(2) $y=\dfrac{x^2}{3}+C_1x+\dfrac{C_2}{x}$　$\left(L_1'=\dfrac{1}{2},\ L_2'=-\dfrac{1}{2}x^2\right)$
(3) $y=1+C_1e^{2x}+C_2xe^{2x}$　$(L_1'=-4xe^{-2x},\ L_2'=4e^{-2x}\ )$
(4) $y=x^2+C_1x+C_2x\log|x|$　$(L_1'=-\log|x|,\ L_2'=1\ )$

問題 **2.19** (1) $y=C_1x^3+C_2x^2$　(2) $y=-x+C_1x^{-1}+C_2x^2$

章末問題

1. (1) $y=\dfrac{1}{2}e^{x^2}+C$　(2) $y=-\dfrac{1}{4}\cos(1-2x)+C_1x+C_2$
(3) $y=x\log|x|-x+C$　(4) $y=-\log|\cos x|+C$

(5) $y = \dfrac{1}{2}\tan^{-1} x^2 + C$ (6) $y = \dfrac{1}{\sqrt{11}}\tan^{-1}\dfrac{3x-2}{\sqrt{11}} + C$

2. (1) $xy = C$ (2) $y = \sin(x^2 + C),\ y = \pm 1$ (3) $y = \sin^{-1}(Ce^x)$
(4) $y = \dfrac{1 + Cx^2}{1 - Cx^2},\ y = -1$ (5) $y = \dfrac{1}{C + \sin x},\ y = 0$
(6) $y = \dfrac{Ce^x}{1 - Ce^x},\ y = -1$ (7) $\sqrt{y^2 + 1} = x + C$
(8) $y = \tan^{-1}(x^3 + C),\ y = \dfrac{(2n-1)\pi}{2}$ (9) $y^2 + x^2 = \log(Cx^2)$

3. (1) $y^3 = x^3 + 1$ (2) $y = \tan\left(\dfrac{\pi}{4} + 1 - \dfrac{1}{x}\right)$ (3) $y = \dfrac{x^2}{1 - x^2}$

4. (1) $y^2 - 2xy = C$ (2) $y^2 + 3x^2 = Cx^4$ (3) $y = x\sin^{-1}(Cx)$
(4) $y = 3x + \tan^{-1}(x + C)$ (5) $y^2 + 3xy - x^2 - x - 5y = C$
(6) $x^2 + y^2 - 2xy - 2y = C$

5. (1) $y = 2x + Ce^x$ (2) $y = x^3 + \dfrac{C}{x}$ (3) $y = Ce^{5x} - e^{3x}$
(4) $y = 1 + Ce^{\cos x}$ (5) $y^2 = Ce^{2x} - x - \dfrac{1}{2}$ (6) $y = \dfrac{2}{Ce^{2x} - 3}$

6. (1) $y = \dfrac{4e^{x^3} - 1}{3}$ (2) $y = x^2 - 1$ (3) $y = \cos x$

7. (1) $x^2 + y^2 + 2x - 2y = C$ (2) $x^3 - 3x^2 y - 6xy^2 + y^3 = C$
(3) $e^x(2x + y) = C$ (4) $x^3 + y^3 + e^{xy} = C$
(5) $e^{x+y} + \sin x = C$ (6) $y = x\tan(x + C)$

8. (1) $M = \dfrac{1}{y^2}$, 公式 (8), $\dfrac{x}{y} + \dfrac{x^2}{2} = C$

(2) $M = \dfrac{1}{x^2 + y^2}$, 公式 (11), $y = x\tan(x^2 + C)$

(3) $M = \dfrac{1}{x^2}$, 公式 (7), $y = x(e^x + C)$

9. (1) $M = y,\ xy^2 = C$ (2) $M = y^2,\ xy^4 = C$
(3) $M = \dfrac{1}{x^2},\ \log|x| - \dfrac{y^2}{x} = C$ (4) $M = e^x,\ ye^x\left(x^2 + \dfrac{y^2}{3}\right) = C$

10. (1) $(y + C)^2 = \dfrac{x^4}{4}$ (2) $(y - Ce^{x^2/2})(y - Ce^{x^2}) = 0$
(3) $y = -x + C,\ ((y')^2 - y' + 1 \neq 0)$ (4) $(x^2 - y + C)(2x - y + C) = 0$

11. (1) クレロー, $y = Cx - C^2,\ y = \dfrac{x^2}{4}$

(2) クレロー, $y = Cx + \dfrac{1}{C},\ y^2 = 4x$

(3) クレロー, $y = Cx + \sqrt{1 + C^2},\ y = \sqrt{1 - x^2}$

$\left(x = -\dfrac{p}{\sqrt{1 + p^2}}\ \text{のとき}\ p = -\dfrac{x}{\sqrt{1 - x^2}}\ \text{となることに注意.}\right)$

問題の略解

(4) $2x = Cy^2 + \dfrac{1}{C}$, $y = \pm x$ (x と y を入れ換えると $2y = px + \dfrac{x}{p}$.)

12. (1) $y = -\log|\cos(x + C_1)| + C_2$ ($\tan^{-1} p = x + C_1$)

(2) $y = \dfrac{C_1 x^2}{4} - \dfrac{1}{2C_1}\log|x| + C_2$ ($p + \sqrt{p^2 + 1} = C_1 x$)

(3) $y = \dfrac{1}{C_1 x + C_2}$, $y = C$ ($py\dfrac{dp}{dy} = 2p^2$)

(4) $y = C_1 \tan(C_1 x + C_2)$ ($p\dfrac{dp}{dy} = 2py$)

13. (1) $y = \dfrac{1}{2}xe^x + C_1 e^x + C_2 e^{-x}$ ($L_1' = \dfrac{1}{2}$, $L_2' = -\dfrac{1}{2}e^{2x}$)

(2) $y = x\sin x + \cos x \log|\cos x| + C_1 \sin x + C_2 \cos x$ ($L_1' = 1$, $L_2' = -\tan x$)

(3) $y = \dfrac{x^3}{9} + C_1 \log|x| + C_2$ ($L_1' = x^2$, $L_2' = -x^2 \log|x|$)

(4) $y = (e^x + e^{-x})\tan^{-1} e^x + C_1 e^x + C_2 e^{-x}$ $\left(L_1' = \dfrac{(e^x - e^{-x})e^{-x}}{2(e^x + e^{-x})},\right.$

$\left.L_2' = \dfrac{-(e^x - e^{-x})e^x}{2(e^x + e^{-x})},\ \int \dfrac{1}{e^x + e^{-x}}\,dx = \int \dfrac{e^x}{e^{2x} + 1}\,dx = \tan^{-1} e^x\right)$

第3章 定数係数線形微分方程式

問題 3.1 (1) $y = C_1 e^{2x} + C_2 e^{3x}$ (2) $y = e^{-x}(C_1 \cos\sqrt{3}x + C_2 \sin\sqrt{3}x)$

(3) $y = e^{-3x}(C_1 + C_2 x)$ (4) $y = C_1 + C_2 e^x + C_3 e^{12x}$

(5) $y = C_1 e^x + C_2 x e^x + C_3 e^{-x} + C_4 x e^{-x}$

(6) $y = C_1 \cos x + C_2 x \cos x + C_3 \sin x + C_4 x \sin x$

問題 3.2 (1) $y = C_1 \cos x + C_2 \sin x + \dfrac{1}{2}\cos x \log\left|\dfrac{1 - \sin x}{1 + \sin x}\right|$

(2) $y = xe^x \log|x| + C_1 e^x + C_2 x e^x$

問題 3.3 (1) $y = 2e^{2x} + C_1 \cos x + C_2 \sin x$

(2) $y = (-4x - 3)e^x + C_1 e^{2x} + C_2 e^{-3x}$

問題 3.4 (1) 安定 (2) 不安定

問題 3.5 (1) $8e^x$ (2) $-4x^2 + 2x + 5$

問題 3.6 (1) $\dfrac{1}{2}e^{3x}$ (2) xe^{2x} (3) $\dfrac{1}{4}e^x + \dfrac{x^2}{2}e^{-x}$ (4) $\sin x$

(5) $\dfrac{1}{4}(2x^2 + 6x + 7)$ (6) $-\dfrac{1}{2}(x^2 + 2x)e^x$

問題 3.7 (1) $y = -e^x + C_1 e^{2x} + C_2 e^{-3x}$ (2) $y = xe^{2x} + C_1 e^{2x} + C_2 e^{-3x}$

(3) $y = 2x^2 + 4x + 3 + C_1 e^{2x} + C_2 x e^{2x}$

(4) $y = \sin 2x - 3\cos 2x + C_1 e^x + C_2 e^{-2x}$

(5) $y = x^2 e^x + C_1 + C_2 x + C_3 e^x + C_4 x e^x$

(6) $y = (2x-3)e^x + C_1 e^{-x} + C_2 \cos x + C_3 \sin x$

問題 3.8 (1) $\dfrac{s+4}{(s+2)^2}$ (2) $\dfrac{4s}{(s^2+4)^2}$ (3) $\dfrac{2s}{s^2-1}$ (4) $\dfrac{1+e^{-2s}-2e^{-3s}}{s}$

問題 3.9 (1) $e^{2t}-e^t$ (2) $e^{-t}\sin t$ (3) $\dfrac{e^{3t}+e^{-3t}}{2}$ (4) te^t
(5) $1(t-2)$ (6) $1(t-1)\sin 2(t-1)$

問題 3.10 (1) $y = e^{-t}\left(\cos\sqrt{3}t + \dfrac{1}{\sqrt{3}}\sin\sqrt{3}t\right)$
(2) $y = \dfrac{1}{4}\sin 2t - \dfrac{1}{2\sqrt{3}}e^{-t}\sin\sqrt{3}t$ (3) $y = \dfrac{1}{\sqrt{3}}e^{-t}\sin\sqrt{3}t$
(4) $y = \dfrac{1(t-1)}{4}\cdot\left(1 - e^{-t}\cos\sqrt{3}t - \dfrac{1}{\sqrt{3}}e^{-t}\sin\sqrt{3}t\right)$

問題 3.11 (1) $\begin{cases} y = C_1\cos x + C_2\sin x \\ z = C_2\cos x - C_1\sin x \end{cases}$ (2) $\begin{cases} y = C_1 e^x + C_2 e^{2x} \\ z = -C_1 e^x - 2C_2 e^{2x} \end{cases}$

(3) $\begin{cases} y = 2\sin x + \cos x + 2C_1 x + C_2 \\ z = -2\cos x - \sin x - (2x+1)C_1 - C_2 \end{cases}$

(4) $\begin{cases} y = e^x - 2x + C_1 e^{\sqrt{2}x} + C_2 e^{-\sqrt{2}x} + C_3\cos x + C_4\sin x \\ z = -\dfrac{e^x}{2} + x - C_1 e^{\sqrt{2}x} - C_2 e^{-\sqrt{2}x} - \dfrac{C_3}{4}\cos x - \dfrac{C_4}{4}\sin x \end{cases}$

問題 3.12 (1) $y = \dfrac{C_1\log x + C_2}{x}$ (2) $y = x + C_1 x^2 + C_2 x^3$
(3) $y = 1 + C_1\cos(\log x) + C_2\sin(\log x)$ (4) $y = C_1 + C_2(3x+2)^{-4/3}$

章末問題

1. (1) $y = C_1 e^{2x} + C_2 e^{-x}$ (2) $y = C_1 e^{-x}\cos 2x + C_2 e^{-x}\sin 2x$
(3) $y = C_1 e^{x/2} + C_2 x e^{x/2}$ (4) $y = C_1 e^{2x} + C_2 e^{-x} + C_3$
(5) $y = C_1 e^{\sqrt{2}x} + C_2 e^{-\sqrt{2}x} + C_3\cos\sqrt{2}x + C_4\sin\sqrt{2}x$
(6) $y = C_1 e^x\cos x + C_2 e^x\sin x + C_3 e^{-x}\cos x + C_4 e^{-x}\sin x$

2. (1) 不安定 (2) 安定 (3) 不安定 (4) 安定

3. (1) $x^2 - 2x + 2$ (2) $\sin x - \cos x$ (3) xe^x (4) $x^2 e^x$ (5) $x^2 + e^x$
(6) $\dfrac{1}{14}e^{4x} + \dfrac{6}{5}xe^{2x} - \dfrac{3}{2}$

4. (1) $y = -e^{-x} + C_1 e^{2x} + C_2 e^{-3x}$ (2) $y = e^{2x}\left(\dfrac{x^2}{2} - \dfrac{x}{5}\right) + C_1 e^{2x} + C_2 e^{-3x}$
(3) $y = \cos 2x + C_1 e^{2x} + C_2 x e^{2x}$
(4) $y = -x + C_1 e^x + C_2 e^{-x}\cos x + C_3 e^{-x}\sin x$
(5) $y = x\cos x + C_1\cos x + C_2\sin x + C_3\cos 2x + C_4\sin 2x$
(6) $y = 2x^2 - 5 + C_1\cos x + C_2\sin x + C_3\cos 2x + C_4\sin 2x$

5. (1) $\dfrac{1}{2}e^{-x}\sin 2x$ (2) $e^{-x}\cos 2x - \dfrac{1}{2}e^{-x}\sin 2x$ (3) $e^{-x}\cos 2x + e^{-x}\sin 2x$

6. (1) $y = \dfrac{2}{\sqrt{3}}e^{-t/2}\sin\dfrac{\sqrt{3}}{2}t$

(2) $y = \left(1 - e^{-t/2}\cos\dfrac{\sqrt{3}}{2}t - \dfrac{1}{\sqrt{3}}e^{-t/2}\sin\dfrac{\sqrt{3}}{2}t\right)1(t)$

(3) $y = -\cos t + e^{-t/2}\cos\dfrac{\sqrt{3}}{2}t + \dfrac{1}{\sqrt{3}}e^{-t/2}\sin\dfrac{\sqrt{3}}{2}t$

7. (1) $\begin{cases} y_1 = C_1\cos x + C_2\sin x + e^x \\ y_2 = -C_2\cos x + C_1\sin x + 2e^x \end{cases}$

(2) $\begin{cases} y_1 = C_1 e^x + C_2 e^{2x} + C_3 e^{3x} \\ y_2 = 2C_1 e^x + 3C_2 e^{2x} - C_3 e^{3x} \\ y_3 = 3C_1 e^x + 5C_2 e^{2x} - 2C_3 e^{3x} \end{cases}$

(3) $\begin{cases} y_1 = x + C_1 e^x + C_2\cos x + C_3\sin x \\ y_2 = 1 + C_1 e^x + (C_2 + C_3)\cos x + (C_3 - C_2)\sin x \end{cases}$

(4) $\begin{cases} y_1 = -C_1 e^{3x} - C_2 e^{-x} + x + 1 \\ y_2 = C_1 e^{3x} + C_2 e^{-x} + x^2 + C_3 \end{cases}$

第 4 章　ベキ級数法

問題 4.1 (1) $y = C\left(1 + x^2 + \dfrac{1}{2!}x^4 + \dfrac{1}{3!}x^6 + \cdots\right) = Ce^{x^2}$

(2) $y = 1 + Ce^{x^2}$ (3) $y = 1 + (x-2) + \dfrac{2}{2!}(x-2)^2 + \dfrac{8}{3!}(x-2)^3 + \cdots$

問題 4.2 (1) $y = -2 - 2x - x^2$ (2) $y = \dfrac{5}{4}e^{2(x-1)} - \dfrac{x}{2} + \dfrac{1}{4}$

(3) $y = \dfrac{1}{3}x^3 - \dfrac{1}{7\cdot 9}x^7 + \dfrac{2}{7\cdot 9\cdot 33}x^{11} - \cdots$

問題 4.3 (1) $y = C_1\left(1 - x^2 - \dfrac{1}{2!\,3}x^4 - \dfrac{1}{3!\,5}x^6 - \dfrac{1}{4!\,7}x^8 - \cdots\right) + C_2 x$

(2) $y = C_1\sum_{k=0}^{\infty}\dfrac{(-1)^k}{2\cdot 4\cdot 6\cdots (2k)}x^{2k} + C_2\sum_{k=1}^{\infty}\dfrac{(-1)^k}{1\cdot 3\cdot 5\cdots (2k-1)}x^{2k-1}$

問題 4.4 (1) $y = C_1\left(1 - \dfrac{x}{2!} + \dfrac{x^2}{4!} - \cdots\right) + C_2\sqrt{x}\left(1 - \dfrac{x}{3!} + \dfrac{x^2}{5!} - \cdots\right)$

($y = C_1\cos\sqrt{x} + C_2\sin\sqrt{x}$ となる. $\lambda = 0,\ 1/2$)

(2) $y = \left(\sum_{n=0}^{\infty}\dfrac{(-1)^n}{(n!)^2}x^{n+1}\right)\left\{C_1 + C_2\left(\log|x| + 2x + \dfrac{5}{4}x^2 + \dfrac{23}{27}x^3 + \cdots\right)\right\}$

($\lambda = 1,\ 1$ の重解)

(3) $y = C_1\left(1 - \dfrac{x^2}{3!} + \dfrac{x^4}{5!} - \cdots\right) + C_2 x^{-1}\left(1 - \dfrac{x^2}{2!} + \dfrac{x^4}{4!} - \cdots\right)$

$(y = \dfrac{C_1 \cos x + C_2 \sin x}{x}$ となる. $\lambda = 0, -1$)

(4) $y = C_1 x^3 + C_2 x^{-1}$ ($\lambda = 3, -1$ で x^{-1} は積分で求める.)

問題 4.5 (1) $P_0(x) = 1$, $P_1(x) = x$, $P_2(x) = \dfrac{3}{2}x^2 - \dfrac{1}{2}$, $P_3(x) = \dfrac{5}{2}x^3 - \dfrac{3}{2}x$

(2) $f(x) = \dfrac{2}{5}P_3(x) + \dfrac{2}{3}P_2(x) + \dfrac{8}{5}P_1(x) + \dfrac{4}{3}P_0(x)$

問題 4.6 (1) $J_0(x) = 1 - \dfrac{1}{(1!)^2}\left(\dfrac{x}{2}\right)^2 + \dfrac{1}{(2!)^2}\left(\dfrac{x}{2}\right)^4 - \dfrac{1}{(3!)^2}\left(\dfrac{x}{2}\right)^6 + \cdots$,

$J_1(x) = \dfrac{x}{2} \cdot \left\{1 - \dfrac{1}{1! \cdot 2!}\left(\dfrac{x}{2}\right)^2 + \dfrac{1}{2! \cdot 3!}\left(\dfrac{x}{2}\right)^4 - \dfrac{1}{3! \cdot 4!}\left(\dfrac{x}{2}\right)^6 + \cdots \right\}$

(2) 項別微分せよ.

問題 4.7 (1) $y = C_1 F(1, 1, 3, x) + C_2 \dfrac{1-x}{x^2}$ (2) $y = \dfrac{C_1 + C_2 x^{2/3}}{1-x}$

章末問題

1. (1) $y = x - 1 + C\left(1 - x + \dfrac{1}{2!}x^2 - \dfrac{1}{3!}x^3 + \cdots\right) = x - 1 + Ce^{-x}$

(2) $y = 1 - (x-1) + (x-1)^2 - (x-1)^3 + (x-1)^4 - \cdots = \dfrac{1}{1+(x-1)} = \dfrac{1}{x}$

(3) $y = 1 + x + x^2 + x^3 + \cdots = \dfrac{1}{1-x}$

(4) $y = x + \dfrac{1}{3}x^3 + \dfrac{2}{15}x^5 + \dfrac{17}{315}x^7 + \cdots$

2. (1) $y = C_1\left(1 - x^2 - \dfrac{1}{3}x^4 - \dfrac{1}{5}x^6 - \cdots\right) + C_2 x$

$\left(y = \sum\limits_{n=0}^{\infty} A_n x^n \text{ で } A_{n+2} = \dfrac{n-1}{n+1}A_n\right)$

(2) $y = C_1\left(1 + \dfrac{1}{6}x^4 + \dfrac{1}{168}x^8 + \cdots\right) + C_2\left(x + \dfrac{1}{10}x^5 + \dfrac{1}{360}x^9 + \cdots\right)$

$\left(A_n = \dfrac{2}{n(n-1)}A_{n-4}\right)$

(3) $y = C_1\left(1 - \dfrac{2}{3}x^3 - \dfrac{2}{45}x^6 - \cdots\right) + C_2\left(x - \dfrac{1}{6}x^4 - \dfrac{1}{63}x^7 - \cdots\right)$

$\left(A_{n+2} = \dfrac{2(n-3)}{(n+1)(n+2)}A_{n-1}\right)$

(4) $y = C_1 x^3 e^x + C_2 x^{-2} e^x$ ($\lambda = 3, -2$ で $x^{-2}e^x$ は積分で求める.)

(5) $y = C_1 \sqrt{x}\left(1 + \dfrac{2}{3}x + \dfrac{2^2}{3 \cdot 5}x^2 + \dfrac{2^3}{3 \cdot 5 \cdot 7}x^3 + \cdots\right) + C_2 e^x$

$\left(\lambda = \dfrac{1}{2}, 0 \text{ で } A_{n+1} = \dfrac{2}{2n+3}A_n, \ B_{n+1} = \dfrac{1}{n+1}B_n\right)$

(6) $y = \dfrac{C_1 + C_2 \log|x|}{x+1}$ ($\lambda = 0, 0$ で $A_{n+1} = -A_n$ となる. もう一つは積分で求める.)

問題の略解　　　　　　　　　　　　　　　　　　　　　　　　　　　　125

(7) $y = \left(\sum_{n=0}^{\infty} \dfrac{x^{n+1}}{n!(n+1)!}\right)(C_1 + C_2 \log|x|) + C_2\left(1 - \dfrac{3}{4}x^2 - \dfrac{7}{36}x^3 - \cdots\right)$

$\left(\lambda = 1, 0 \text{ で } A_{n+1} = \dfrac{1}{(n+1)(n+2)}A_n. \text{ また } B_{-1} = B_0 = 1 \text{ で},\right.$

$\left. B_{n+1} = \dfrac{B_n}{n(n+1)} - \dfrac{2n+1}{n(n+1)n!(n+1)!},\ B_1 = 0 \text{ となる}.\right)$

3. $t(t-1)\dfrac{d^2y}{dt^2} + \left(\dfrac{3}{2}t - \dfrac{1}{2}\right)\dfrac{dy}{dt} - \dfrac{n(n+1)}{4}y = 0$ となり,

$y = C_1 F\left(\dfrac{n+1}{2}, -\dfrac{n}{2}, \dfrac{1}{2}, x^2\right) + C_2 x F\left(\dfrac{n+2}{2}, \dfrac{1-n}{2}, \dfrac{3}{2}, x^2\right)$ である.

4. $y = C_1 F(1, 3, 7, -x) + C_2 \dfrac{(1+x)^3}{x^6}$　　($t = x+1$ では $F(1, 3, -2, x+1)$ がでてきて, 分母が 0 になり不適. $t = -x$ が正解.)

第5章　偏微分方程式

問題 5.1 (1) $x\dfrac{\partial u}{\partial x} + y\dfrac{\partial u}{\partial y} = 3u$　(2) $u = x\dfrac{\partial u}{\partial x} + y\dfrac{\partial u}{\partial y} + \dfrac{\partial u}{\partial x}\dfrac{\partial u}{\partial y}$
(3) $\dfrac{\partial u}{\partial x} + \dfrac{\partial u}{\partial y} = 0$　(4) $\dfrac{\partial^2 u}{\partial x \partial y} = 0$

問題 5.2 (1) $u = f(y - 2x)$　(2) $u = e^x f(y-x)$　(3) $u = f\left(\dfrac{y}{x}\right)$
(4) $u = \dfrac{f(xy)}{x}$　(5) $u = -x + f(x^2 + 2xy - y^2)$　(6) $u = \dfrac{x}{1 - xf\left(\frac{y-x}{xy}\right)}$

問題 5.3 (1) $u = \dfrac{(2x-y)^2}{4} + \dfrac{y}{2}$　(2) $u = e^{y-2x}$

問題 5.4 (1) $u = f_1(y+x) + f_2(y+2x)$
(2) $u = f_1(2y+3x) + xf_2(2y+3x)$
(3) $u = f_1(y + \sqrt{2}ix) + f_1(y - \sqrt{2}ix) + i\{f_2(y+\sqrt{2}ix) - f_2(y-\sqrt{2}ix)\}$
(4) $u = f_1(y+x) + f_2(y-2x) + xf_3(y-2x)$

問題 5.5 (1) $u = \sin 2y \cos 5x$　(2) $u = e^x\left(\cos\dfrac{y}{2} + 2\sin\dfrac{y}{2}\right)$
$((4D_y{}^2 + D_x{}^2)u = 0$ で公式を適用せよ.)

問題 5.6 (1) $u = -e^{x+2y} + f(y+3x)$　(2) $u = xy + 2x^2 + f(y+3x)$
(3) $u = x^3y^2 + f_1(x) + f_2(y)$　(4) $u = \dfrac{1}{8}e^{x-y} + f_1(y+x) + f_2(y+3x)$
(5) $u = x^3y + x^4 + f_1(y+x) + f_2(y+3x)$
(6) $u = -\dfrac{1}{8}\sin(x-y) + f_1(y+x) + f_2(y+3x)$

問題 5.7 (1) $u = e^x f_1(y+2x) + e^{-x}f_2(y-x)$
(2) $u = e^{x+3y} + e^{3x}f_1(y+2x) + e^y f_2(y+x)$

(3) $u = f_1(x) + f_2(y-x) + e^{2x} f_3(y+x)$

(4) $u = -xe^{-x} + e^{-x} f_1(y) + e^x f_2(y+x)$

章末問題

1. (1) $x\dfrac{\partial u}{\partial x} = y\dfrac{\partial u}{\partial y}$　(2) $\left(\dfrac{\partial u}{\partial x}\right)^2 + \left(\dfrac{\partial u}{\partial y}\right)^2 = 4u$

(3) $x\dfrac{\partial u}{\partial x} + x\dfrac{\partial u}{\partial y} = 2u$　(4) $x\dfrac{\partial u}{\partial x} + y\dfrac{\partial u}{\partial y} = xy + u$

2. (1) $u = f(2x+y)$　(2) $u = 2x + f(2y-3x)$　(3) $u = x^2 + f(3x+y)$

(4) $u = e^x f(x^2+y^2)$　(5) $u^2 = x^2 - f(y)$　(6) $u = x\log|x| + xf\left(\log|x| + \dfrac{1}{y}\right)$

3. (1) $u = f_1(y-2x) + f_2(y+3x)$

(2) $u = f_1(y+x) + f_2(y-x) + f_3(y+2x)$

(3) $u = f_1(y-2x) + f_2(y+2x) + xf_3(y+2x)$

4. (1) $u = e^{2x+y} + f_1(y+3x) + f_2(y+5x)$

(2) $u = -\sin(x+y) + f_1(y+2x) + xf_2(y+2x)$

(3) $u = xe^{x+y} + f_1(y+x) + f_2(y-x)$

(4) $u = 10x^3 y^2 - x^5 + f_1(x+iy) + f_1(x-iy) + i\{f_2(x+iy) - f_2(x-iy)\}$

(5) $u = e^{-x} f_1(y) + e^y f_2(x)$

(6) $u = f_1(y) + f_2(x) + xf_3(x) + e^x\{f_4(y+x) + xf_5(y+x)\}$

(7) $u = (x^2-x)e^{-y} + f_1(y+2x) + e^{-x} f_2(y-x)$

(8) $u = \dfrac{1}{30} e^{x+y}(3\sin(x-y) + \cos(x-y)) + f_1(y-2x) + e^{-x} f_2(y-x)$

第6章　応用例

問題 6.1 t 時間における細菌の数を x とすると　$\dfrac{dx}{dt} = kx$　となるから　$x = Ce^{kt}$　である．$x(0) = C$ で $x(5) = 2C = Ce^{5k}$ より $k = \dfrac{1}{5}\log 2$ である．よって，$x(30) = Ce^{6\log 2} = 64C$ より 64 倍になる．

問題 6.2 与えられた方程式は $R\dfrac{di}{dt} + \dfrac{i}{C} = \omega E \cos\omega t$ で1階線形である．$t = 0$ のとき $i = 0$ の解を求めれば

$$i = \dfrac{\omega CE}{1+(\omega RC)^2}(\cos\omega t - e^{-t/RC}) + \dfrac{\omega^2 C^2 E}{1+(\omega RC)^2}\sin\omega t$$

となる．

問題 6.3 例題 6.3 の式　$v^2 = \dfrac{2gR^2}{x} + C$　で　$x \to \infty$　のとき　$v \to 0$　だから　$C = 0$　である．よって　$x = R$　のとき，$v = \sqrt{2gR}$　より約 11.3 km/s となる．

問題 6.4 接点 (x,y) における接線の方程式は　$Y = f'(x)(X-x) + f(X)$　だから

問題の略解

$-xf'(x) + f(x) = 2f(x)$ なので $xy' = -y$ をみたす．これは変数分離形で $y = \dfrac{C}{x}$ となる．

問題 6.5 方程式は $5\dfrac{d^2x}{dt^2} + 700\dfrac{dx}{dt} + 500x = 0$ で $k = -70 \pm 40\sqrt{3}$ が特性解．よって，$x = C_1 e^{-0.7t} + C_2 e^{-139.3t}$ となるが，$x(0) = 0.05, x'(0) = 0$ より
$$x = 0.0503 e^{-0.7t} - 0.0003 e^{-139.3t}$$
となる．これは振動せず，もとの位置に戻るだけである．

問題 6.6 $3x_1'' = -4x_1 + x_2, \ x_2'' = x_1 - x_2$ を解くと $3k^4 + 7k^2 + 3 = 0$ より $k = \pm 1.33i, \ \pm 0.752i$ が特性解．$x_1(0) = 0.01, \ x_1'(0) = 0, \ x_2(0) = 0, \ x_2'(0) = 0$ より
$$x_1 = 0.0036 \cos 0.752t + 0.0064 \cos 1.33t,$$
$$x_2 = 0.0083(\cos 0.752t - \cos 1.33t)$$
となる．

問題 6.7 方程式は $q'' + 200q' + 50000q = 1000\cos 200t$ である．斉次形の一般解は例題 6.7 と同じで，特解は $\dfrac{1}{170}(\cos 200t + 4\sin 200t)$ となる．$t = 0$ のとき $q = 0, \ i = 0$ なので
$$q = \frac{1}{340}(2\cos 200t + 8\sin 200t - 2e^{-100t}\cos 200t - 9e^{-100t}\sin 200t)$$
であり，
$$i = \frac{5}{17}(16\cos 200t - 4\sin 200t - 16e^{-100t}\cos 200t + 13e^{-100t}\sin 200t)$$
となる．

問題 6.8 $f(x)$ の奇関数へ拡張したフーリエ正弦展開は
$$f(x) = \sum_{n=1}^{\infty} \frac{4h}{n^2\pi^2} \sin\frac{n\pi}{2} \sin\frac{n\pi x}{l}$$
から
$$u = \sum_{n=1}^{\infty} \frac{4h}{n^2\pi^2} \sin\frac{n\pi}{2} \sin\frac{n\pi x}{l} \cos\frac{n\pi ct}{l}$$
となる．

問題 6.9 $u = X(x)Y(y)$ とする．$\dfrac{Y''}{Y} = -\dfrac{X''}{X} = k$ となるが，境界条件 $X(0) = X(\pi) = 0$ より $k = n^2$ で，$X = A\sin nx$ とおくことができる．よって，$u = \sum_{n=1}^{\infty}(A_n e^{ny} + B_n e^{-ny})\sin nx$ と書けるが，初期条件 $u(x, 0) = \sin x, \ u(x, \pi) = 0$ より A_1, B_1 以外はすべて 0 で，
$$u = \frac{(e^{-\pi}e^y - e^{\pi}e^{-y})\sin 3x}{e^{-\pi} - e^{\pi}}$$
である．

章末問題

1. 方程式は $y' = \dfrac{y}{2x}$ なので変数分離形である．よって，$y = C\sqrt{x}$ となる．

2. 微小時間 dt の間に流れ出る水量は $\pi(0.02)^2(2.5\sqrt{h})\,dt$ である．また，この間にタンクの水面の低下する変化量を dh とすると，流出する水量は $2^2\pi\,dh$ と表される．よって，$\dfrac{dh}{dt} = -\dfrac{\sqrt{h}}{4000}$ となり，これは変数分離形である．よって，$8000\sqrt{h} = C - t$ で $t=0, h=3$ より $C = 8000\sqrt{3}$ だから，$h = 0$ のとき $t = 8000\sqrt{3}$ 秒．よって，3 時間 34 分となる．

3. 時間 t におけるタンク A, B の塩分量をそれぞれ x_1, x_2 とすると

$$\begin{cases} x_1 + x_2 = 100 \\ \dfrac{dx_1}{dt} = \dfrac{10x_2}{200+5t} - \dfrac{15x_1}{500-5t} \end{cases}$$

をみたす．x_2 を消去すると 1 階線形になり，

$$x_1 = \frac{(t^2 + 4000)(100-t) + C(t-100)^3}{(t+40)^2}$$

が一般解となる．$t = 0$ のとき $x_1 = 100$ だから $C = \dfrac{6}{25}$ となり

$$x_1 = \frac{(100-t)(19t^2 + 1200t + 40000)}{25(t+40)^2}$$

となる．よって，$t = 50$ を代入して $x_1 = \dfrac{2950}{81} = 36.42$ (kg) となる．

4. $u = T(t)X(x)$ とする．$\dfrac{T'}{T} = \dfrac{X''}{X} = k$ となるが，境界条件 $X(0) = X(\pi) = 0$ より，$k = -n^2$ で $X = A\sin nx$ とおくことができる．よって，$u = \sum_{n=1}^{\infty} A_n e^{-n^2 t} \sin nx$ と書けるが，初期条件 $u(0, x) = \sin 3x$ より $C_3 = 1$ で，それ以外は $C_n = 0$ となる．よって $u = e^{-9t}\sin 3x$ である．

総合演習問題

1. (a) $x^2 + x$　(b) $\log|x+1|$　(c) $\log|y+2|$　(d) x^3　(e) $\sin x^2$　(f) e^{x^3}　(g) $\log|u^2 + 1|$　(h) $-2e^{-\frac{x^2}{2}}$　(i) $\log|\sin x|$　(j) $-x\cos x + \sin x$　(k) xe^x　(l) $\dfrac{x^2}{2}\log x - \dfrac{x^2}{4}$

2. (a) $\dfrac{x^3}{3} + x + C$　(b) $-\cos x + C$　(c) $\dfrac{1}{2}e^{2x}x + C$　(d) $2\log x + C$　(e) $\dfrac{1}{12}x^4 + C_1 x + C_2$

3. (a) x　(b) $e^{\log x^2} = x^2$　(c) $e^{\log x} = x$　(d) $e^{-2\log x} = \dfrac{1}{x^2}$　(e) $e^{3\log x} = x^3$

問題の略解

4. (a) $y' = y$ (b) $y' = \dfrac{2y}{x}$ (c) $y' = -\dfrac{y}{x}$ (d) $y' = \dfrac{y}{2x}$ (e) $y' = \dfrac{y^2 - x^2}{2xy}$

5. (a) $y = Ce^{x^2}$ (b) $y = Ce^{x^2} - 1$ (c) $y = Ce^{x^3} - 2$ (d) $y = \dfrac{C}{x}$ (e) $y = Ce^x$
(f) $2x^2 + y^2 = C$ (g) $Ce^{\frac{x^2}{2}} - y^2 = 1$

6. (a) $y = -1 + Ce^x$ (b) $y = xe^{2x} + Ce^{2x}$ (c) $y = -2x^2 + Cx$ (d) $y = x^3 e^x + Cx^3$
(e) $y = x^3 \log|x| + Cx^3$ (f) $y = \dfrac{x^3}{2} + Cx$ (g) $y = 2 + Ce^{\frac{x^2}{2}}$ (h) $y = 2 + Ce^{-x^2}$
(i) $y = -x - 1 + Ce^x$ (j) $y = -x + 1 + Ce^{-x}$

7. (a) $y = Cx^2$ (b) $y^2 = 2x^2 \log x + Cx^2$ (c) $y = \dfrac{x}{\log x + C}$ (d) $x^2 + y^2 = Cx^3$
(e) $x^2 + y^2 = Cx$ (f) $y = \dfrac{C - 3x^2}{2x}$

8. (a) $y = \dfrac{e^x}{e^x + C}$ (b) $y = \dfrac{1}{x(x + C)}$ (c) $y^2 = \dfrac{1}{x(x^2 + C)}$ (d) $y^2 = \dfrac{1}{Ce^{-x^2} - 1}$
(e) $y = \dfrac{1}{x(x^2 + x + C)}$ (f) $y = \dfrac{(x^3 + C)^2}{x^2}$

9. (a) 時刻 t の温度 T に対し $\dfrac{dT}{dt} = k(T - 10)$, $y(0) = 100$, $y(15) = 70$ を解く。
$y = 10 + Ce^{kt}$ より $k = \dfrac{1}{15} \log \dfrac{2}{3}$ であり, $y = 10 + 90 \cdot \left(\dfrac{2}{3}\right)^{\frac{t}{15}}$ より $y = 40$ のとき
$t = \dfrac{15 \log 3}{\log 3 - \log 2} = 40.6$ 分後.

(b) 時刻 t の個体数を y として $\dfrac{dy}{dt} = ky$, $y(0) = 1$, $y(1) = 1$ を解く。$y = Ce^{kt}$ より $e^k = 3$ で, $y = 3^t$ となり $y(4) = 16$ 倍.

(c) 時刻 t の個体数を y として $\dfrac{dy}{dt} = k\sqrt{y}$, $y(0) = 1$, $y(4) = 4$ を解く。$2\sqrt{y} = kt + C$ より $k = \dfrac{1}{2}$ で, $y = \left(1 + \dfrac{t}{4}\right)^2$ となり $y(12) = 16$ 倍.

(d) 時刻 t の物質量を y として $\dfrac{dy}{dt} = -ky$, $y(0) = 100$, $y(10) = 50$ を解く。
$y = Ce^{-kt}$ より $k = \dfrac{\log 2}{10}$ で, $y = 100 \cdot 2^{-\frac{t}{10}}$ となり $y = 25$ のとき $t = 20$ 年.

(e) 時刻 t における個体数を $x = x(t)$ として $\dfrac{dx}{dt} = mx(k - x)$ を解くと $x = \dfrac{kCe^{kmt}}{1 + Ce^{kmt}}$.

10. (a) 質量 m で割ると $\dfrac{dv}{dt} + \dfrac{a}{m}v = g$ となり, 1階線形. $e^{-\frac{a}{m}t}$ が基本解なので,
$v = e^{-\frac{a}{m}t}\left(\int e^{\frac{a}{m}t} g \, dt + C\right) = \dfrac{mg}{a} + Ce^{-\frac{a}{m}t}$ が一般解. $v(0) = v_0$ なので $t = 0$ を

代入すると $C = v_0 - \dfrac{mg}{a}$ なので $v = \dfrac{mg}{a} + \left(v_0 - \dfrac{mg}{a}\right) e^{-\frac{a}{m}t}$.

(b) 接線の方程式は $Y - y = y'(X - x)$ より, y 切片は $-xy' + y = 2x$ となる. これを解くと $y = x(-2\log x + C)$.

(c) (1) $\dfrac{dv}{dt} = -\dfrac{v}{5} + \dfrac{F}{250}$ (2) $v = \dfrac{F}{50} + Ce^{-\frac{t}{5}}$ で $v(0) = 0$ より $v = \dfrac{F}{50}\left(1 - e^{-\frac{t}{5}}\right)$.
(3) $t \to \infty$ のとき $v \to \dfrac{F}{50}$ より $F = 50v = 500$ (N).

11. (a) $y = C_1 e^x + C_2 e^{2x}$ (b) $y = C_1 e^{3x} + C_2 x e^{3x}$
(c) $y = C_1 e^x \cos 3x + C_2 e^x \sin 3x$ (d) $y = C_1 e^{2x} + C_2 e^{-3x}$
(e) $y = C_1 e^x + C_2 x e^x$ (f) $y = C_1 e^{2x} \cos 6x + C_2 e^{2x} \sin 6x$
(g) $y = C_1 e^x + C_2$ (h) $y = C_1 e^x + C_2 \cos 2x + C_3 \sin 2x$

12. (a) $y = C_1 e^x + C_2 e^{2x}$ のとき, $y' = C_1 e^x + 2C_2 e^{2x}$, $y'' = C_1 e^x + 4C_2 e^{2x}$ だから $y'' - 3y' + 2y = (1 - 3 + 2)C_1 e^x + (4 - 3\cdot 2 + 2)C_2 e^{2x} = 0$. (b) 略

13. (a) $2x$ (b) e^x (c) $\dfrac{1}{x}$ (d) $2x - x^2$ (e) 0 (f) $20e^{3x}$ (g) $2x^2 + 8x + 7$
(h) $4x^2 - 2x - 1$

14. (a) $\cos x$ (b) $-\sin x$ (c) $\dfrac{1}{x} - \log x$ (d) $\cos x - \sin x$ (e) $-\sin x - \cos x$
(f) $2 + 4x - 3x^2$ (g), (h), (i) $D^2 e^x + 3De^x + 2e^x = e^x + 3e^x + 2e^x = (1 + 3 + 2)e^x = 6e^x$

15. (a) $\dfrac{1}{2}e^x$ (b) $\dfrac{1}{4}e^{2x}$ (c) $-\dfrac{1}{3}e^{-x}$ (d) $\dfrac{1}{4}e^x$ (e) $\dfrac{1}{4}$ (f) $\dfrac{3}{5}e^{3x}$
(g) $\dfrac{1}{4}e^{3x}$ (h) $\dfrac{1}{3}e^{2x}$

16. (a) $y = \dfrac{1}{2}e^{3x} + C_1 e^x + C_2 e^{2x}$ (b) $y = \dfrac{1}{4}e^x + C_1 e^{3x} + C_2 x e^{3x}$
(c) $y = \dfrac{1}{13}e^{-x} + C_1 e^x \cos 3x + C_2 e^x \sin 3x$ (d) $y = -\dfrac{1}{2} + C_1 e^{2x} + C_2 e^{-3x}$
(e) $y = e^{2x} + \dfrac{1}{4}e^{3x} + C_1 e^x + C_2 x e^x$ (f) $y = \dfrac{1}{4}e^{2x} + C_1 e^{2x} \cos 6x + C_2 e^{2x} \sin 6x$
(g) $y = \dfrac{1}{4}e^{2x} + \dfrac{1}{12}e^{-2x} + C_1 e^x + C_2$ (h) $y = e^{-x} + C_1 e^x + C_2 \cos 2x + C_3 \sin 2x$

17. (a) $-\dfrac{1}{2}(\cos x - \sin x)$ (b) $\dfrac{1}{5}(\sin x + 2\cos x)$ (c) $\dfrac{1}{4}(\sin 2x - \cos 2x)$
(d) $-\dfrac{2\cos 2x + 3\sin 2x}{13}$ (e) $\dfrac{\cos x - 2\sin x}{10}$ (f) $\dfrac{1}{4}\sin 2x$
(g) $-\dfrac{9\cos 3x + 7\sin 3x}{130}$ (h) $\dfrac{1}{6}x \sin 3x$

18. (a) $y = -\dfrac{1}{2}(\cos x - \sin x) + Ce^{-x}$ (b) $y = \dfrac{1}{5}(\sin x + 2\cos x) + Ce^{-2x}$
(c) $y = \dfrac{1}{4}(\sin 2x - \cos 2x) + Ce^{2x}$ (d) $y = \sin 2x + Ce^{-x}$

問題の略解

(e) $y = \dfrac{\cos x - 2\sin x}{10} + C_1 e^{3x} + C_2 e^{-x}$

(f) $y = \dfrac{1}{4}\sin 2x + C_1 e^{-x}\cos\sqrt{3}x + C_2 e^{-x}\sin\sqrt{3}x$

(g) $y = -\dfrac{9\cos 3x + 7\sin 3x}{130} + C_1 e^{-x} + C_2 e^{-2x}$

(h) $y = \dfrac{1}{6}x\sin 3x + C_1\cos 3x + C_2\sin 3x$

19. (a) $-(x+1)$ (b) $-(x^2+3x+3)$ (c) $-\dfrac{1}{4}(2x+1)$ (d) $-(x^2+2)$
(e) $\dfrac{1}{2}\left(x+\dfrac{3}{2}\right)$ (f) $\dfrac{1}{2}\left(x^2+x-\dfrac{1}{2}\right)$

20. (a) $y = -(x^2+2x+2) + Ce^x$ (b) $y = x+2+Ce^{-x}$ (c) $y = -x-2+Ce^{2x}$
(d) $y = x^2-2+C_1\cos x + C_2\sin x$ (e) $y = -\dfrac{1}{2}\left(x^2-x+\dfrac{3}{2}\right) + C_1 e^{2x} + C_2 e^{-x}$
(f) $y = \dfrac{1}{4}(2x^2-2x+3) + C_1 e^{-x}\cos\sqrt{3}x + C_2 e^{-x}\sin\sqrt{3}x$

21. (a) $\dfrac{x^2}{2}$ (b) $\dfrac{x^3}{6}$ (c) xe^{2x} (d) $\dfrac{x}{5}e^{2x}$ (e) $\dfrac{x^2}{2}e^x$ (f) $\dfrac{x^3}{6}e^{2x}$ (g) $\dfrac{e^x}{2}\left(x-\dfrac{1}{2}\right)$
(h) $-\dfrac{e^x}{2}(\sin x - \cos x)$ (i) $\dfrac{e^{\alpha x}}{\alpha^2+\beta^2}(\alpha\cos\beta x + \beta\sin\beta x)$

22. (a) $y = xe^{3x} + Ce^{3x}$ (b) $y = -xe^x + C_1 e^x + C_2 e^{2x}$
(c) $y = \dfrac{x^3}{6}e^{-x} + C_1 e^{-x} + C_2 xe^{-x}$ (d) $y = -\dfrac{1}{2}(x^2+2x)e^x + C_1 e^x + C_2 e^{2x}$
(e) $y = \dfrac{e^{3x}}{125}(25x^2-60x+62) + C_1 e^{2x} + C_2 e^{-2x}$
(f) $y = -e^{-x}\cos 2x + C_1 e^{-x}\cos\sqrt{3}x + C_2 e^{-x}\sin\sqrt{3}x$

23. (a) $y = Ce^{-x},\ z = -Ce^{-x}$
(b) $y = C_1\cos 2x + C_2\sin 2x,\ z = -C_1\sin 2x + C_2\cos 2x$
(c) $y = \dfrac{1}{2}e^x + C_1\cos x + C_2\sin x,\ z = \dfrac{1}{2}e^x - C_1\sin x + C_2\cos x$
(d) $y = e^{2x} + C_1 e^x + C_2 e^{-x},\ z = 1 - 2e^{2x} - C_1 e^x + C_2 e^{-x}$
(e) $y = \dfrac{4}{3}e^{2x} + C_1 e^x + C_2 e^{-x},\ z = \dfrac{5}{3}e^{2x} + C_1 e^x - C_2 e^{-x}$
(f) $y = -\dfrac{6}{7}e^{2x} + C_1 e^x + C_2 e^{-5x},\ z = \dfrac{8}{7}e^{2x} - C_1 e^x + C_2 e^{-5x}$
(g) $y = e^x - 3C_4 e^{-x},\ z = C_3 e^{2x} + C_4 e^{-x}$ (h) $y = -x - \dfrac{2}{3},\ z = \dfrac{1}{2}x^2 + \dfrac{4}{3}x + C$

24. (a) $y = \dfrac{C_1}{x} + \dfrac{C_2}{x^2}$ (b) $y = C_1 x^3 + C_2 x^3 \log x$ (c) $y = C_1 x^2 + \dfrac{C_2}{x}$
(d) $y = C_1 x\cos(3\log x) + C_2 x\sin(3\log x)$ (e) $y = x^3 + C_1 x^2 + C_2 x$
(f) $y = 5\log x + 4 + C_1 x^2\cos(\log x) + C_2 x^2\sin(\log x)$

25. (a) $x'' + w^2 x = 0$ なので $x = C_1\cos wt + C_2\sin wt$ となる．初期条件を入れる

と，$C_1 = x_0$, $C_2 = \dfrac{v_0}{w}$ なので $x = x_0 \cos wt + \dfrac{x_0}{w} \sin wt$.

(b) $x''(t) + 2\gamma x'(t) + \omega^2 x(t) = 0$ である．$\lambda^2 + 2\gamma\lambda + \omega^2 = 0$ より $\lambda = -\gamma \pm \sqrt{\gamma^2 - \omega^2}$ となる．

(1) $\gamma > w$ のとき，λ は2つの異なる実数だから $\rho_1 = -\gamma + \sqrt{\gamma^2 - w^2}$, $\rho_2 = -\gamma - \sqrt{\gamma^2 - w^2}$ とおくと $e^{\rho_1 t}$, $e^{\rho_2 t}$ が解の基本系だから $x = C_1 e^{\rho_1 t} + C_2 e^{\rho_2 t}$ が一般解．初期条件より $C_1 = \dfrac{\rho_2 x_0 - v_0}{\rho_2 - \rho_1}$, $C_2 = \dfrac{-\rho_1 x_0 + v_0}{\rho_2 - \rho_1}$ となる．($\rho_1 < 0$, $\rho_2 < 0$ なので，$t \to \infty$ のとき単調に $x \to 0$．この場合，抵抗が大きいために振動しない．)

(2) $0 < \gamma < w$ のとき，λ は2つの異なる虚数なので $\lambda = -\gamma \pm iu$, $u = \sqrt{w^2 - \gamma^2}$ とおくと $e^{-\gamma t} \cos ut$, $e^{-\gamma t} \sin ut$ が解の基本系になるから $x = C_1 e^{-\gamma t} \cos ut + C_2 e^{-\gamma t} \sin ut$ が一般解．初期条件より $C_1 = x_0$, $C_2 = \dfrac{\gamma x_0 + v_0}{u}$．($t \to \infty$ のとき振動しながら $x \to 0$．減衰振動)

(3) $\gamma = w$ のとき，$\lambda = -\gamma$ は重解だから $e^{-\gamma t}$, $te^{-\gamma t}$ が解の基本系．よって，$x = C_1 e^{-\gamma t} + C_2 t e^{-\gamma t}$ が一般解．初期条件より $C_1 = x_0$, $C_2 = \gamma x_0 + v_0$ となる．($t \to \infty$ のとき単調に $x \to 0$ であり，(1), (2) よりも速く収束する．臨界制動)

26. (a) $e^{\log x} = x$ (b) $e^{2\log x} = x^2$ (c) $e^{-\log x} = x^{-1} = \dfrac{1}{x}$

27. (a) $y' = 2y$ (b) $y' = \dfrac{y-1}{x}$ (c) $y' = -\dfrac{x}{2y}$

28. (a) $y = \dfrac{x^3}{3} + \dfrac{3x^2}{2} + 2x + C$ (b) $y = \dfrac{1}{2}e^{x^2} + C$ (c) $y = Ce^{x^2} + 1$
(d) $x^2 + 2y^2 = C$ (e) $y = \dfrac{2}{x}$ (f) $y = e^{2x}$ (g) $e^{\frac{x^2}{2}} - y^2 = 1$ (h) $y = \tan x$

29. (a) $y = x^2 + Cx$ (b) $y = x^3 e^x + Cx^3$ (c) $y = x^3(\log x + C)$ (d) $y = \dfrac{x^3}{2} + Cx$
(e) $y = \dfrac{x + C}{x^2}$ (f) $y = 1 + Ce^{-\frac{x^2}{2}}$ (g) $y = x \log x + x^3 + Cx$ (h) $y = -e^x + Ce^{3x}$
(i) $y = \dfrac{(x-1)e^x + C}{x}$

30. (a) $x + y = Cx^2$ (b) $y^2 - x^2 = C$ (c) $y^2 + 2xy - x^2 = C$
(d) $3y^2 + 2xy - 5x^2 = C$ (e) $y = \dfrac{x}{C - \log|x|}$ (f) $x^3 + y^3 = Cx^4$
(g) $y = -x \log(C - \log|x|)$ (h) $y = \dfrac{Cx^2}{1 - Cx}$

31. (a) $y = \dfrac{1}{1 + Ce^x}$ (b) $y = \dfrac{x}{2x^2 + C}$ (c) $y = \dfrac{1}{x^2(C - x)}$
(d) $y = \dfrac{x^2}{(x + C)^2}$ (e) $y = \dfrac{2}{x(-x^2 - 2\log|x| + C)}$ (f) $x^2 + y^2 = 1 + Cx$
(g) $x^3 + y^3 = 1 + Cx$ (h) $\left(\dfrac{\cos x + C}{\sin x}\right) y^3 = 1$

問題の略解

32. (a) $xy+2x-y=C$ (b) $x^3+4xy+y^3=C$ (c) $x^2+3xy+3y^2+5x+y=C$
(d) $x^3-xy-y^2=C$ (e) $x\cos y+y\sin x=C$ (f) $xe^y+y^2=C$
(g) $x^2+e^{xy}-\cos y=C$ (h) $x^3-3x^2y+3y^4=C$

33. (a) $\dfrac{y}{x}=C$ （積分因子 $\dfrac{1}{x^2}$） (b) $x^4-x^2y^2-2x^3=C$ （積分因子 x）
(c) $x^2y^4+3x^3y=C$ （積分因子 x） (d) $xy+x^2-\log|x|=C$ （積分因子 $\dfrac{1}{x}$）
(e) $x-3y^2=Cy$ （積分因子 $\dfrac{1}{y^2}$） (f) $e^x(x^2+y^2)=C$ （積分因子 e^x）
(g) $e^y(x^3-xy^3)=C$ （積分因子 e^y） (h) $x+2\tan^{-1}\dfrac{y}{x}=C$ （積分因子 x^2+y^2）

34. (a) 一般解：$y=Cx+C^2$, 特異解：$y=-\dfrac{1}{4}x^2$
(b) 一般解：$y=Cx+C-C^2$, 特異解：$y=\dfrac{(x+1)^2}{4}$
(c) 一般解：$y=Cx+\dfrac{C^2}{2}$, 特異解：$y=\dfrac{1}{2}x^2$
(d) 一般解：$y=Cx-e^C$, 特異解：$y=x\log x-x$
(e) 一般解：$y=Cx-2\log C$, 特異解：$y=2+2\log x$
(f) 一般解：$(y-C)^3=27Cx$, 特異解：$y^2=-4x$

35. (a) 特異解 $y=-\dfrac{1}{4}x^2$ 上の点 $(-2C,-C^2)$ おける接線が一般解 $y=Cx+C^2$.
(d) 特異解 $y=x\log x-x$ 上の点 $(e^C,(C-1)e^C)$ おける接線が一般解 $y=Cx-e^C$.

36. (a) $y=C_1e^x+C_2e^{2x}$ (b) $y=C_1e^{3x}+C_2xe^{3x}$
(c) $y=C_1e^x\cos 3x+C_2e^x\sin 3x$ (d) $y=C_1e^{2x}+C_2e^{-3x}$
(e) $y=C_1e^x+C_2xe^x$ (f) $y=C_1e^{2x}\cos 6x+C_2e^{2x}\sin 6x$

37. (a) $y=ax+b$ とおく. $y=\dfrac{1}{2}x+\dfrac{5}{4}+C_1e^x+C_2e^{2x}$
(b) $y=ae^{2x}$ とおく. $y=e^{2x}+C_1e^{3x}+C_2xe^{3x}$
(c) $y=a\cos x+b\sin x$ とおく. $y=\dfrac{2\cos x+9\sin x}{85}+C_1e^x\cos 3x+C_2e^x\sin 3x$
(d) $y=ax^2+bx+c$ とおく. $y=-\dfrac{18x^2+6x+7}{108}+C_1e^{2x}+C_2e^{-3x}$
(e) $y=a\cos 2x+b\sin 2x$ とおく. $y=3\cos 2x+4\sin 2x+C_1e^x+C_2xe^x$
(f) $y=ae^{-x}$ とおく. $y=\dfrac{1}{45}e^{-x}+C_1e^{2x}\cos 6x+C_2e^{2x}\sin 6x$

38. (a) $y=L_1e^x+L_2e^{2x}$ とおくと $L_1'=-2e^{2x}$, $L_2'=2e^x$. $y=e^{3x}+C_1e^x+C_2e^{2x}$
(b) $y=L_1e^x+L_2e^{-x}$ とおくと $L_1'=\dfrac{e^x}{2}$, $L_2'=-\dfrac{e^{3x}}{2}$. $y=\dfrac{e^{2x}}{3}+C_1e^x+C_2e^{-x}$
(c) $y=L_1x+L_2x^2$ とおくと $L_1'=-2x$, $L_2'=2$. $y=x^2+C_1x+C_2x^2$
(d) $y=L_1x+L_2x^{-1}$ とおくと $L_1'=\dfrac{3}{2}$, $L_2'=-\dfrac{3x^2}{2}$. $y=x^2+C_1x+\dfrac{C_2}{x}$

(e) $y = L_1 e^{2x} + L_2 e^{-3x}$ とおくと $L_1' = \dfrac{x}{5},\ L_2' = -\dfrac{xe^{5x}}{5}$.
$y = \left(\dfrac{x^2}{10} - \dfrac{x}{25} + \dfrac{1}{125}\right)e^{2x} + C_1 e^{2x} + C_2 e^{-3x}$

(f) $y = L_1 \cos x + L_2 \sin x$ とおくと $L_1' = -\dfrac{\sin x}{\cos^3 x},\ L_2' = \dfrac{1}{\cos^2 x}$.
$y = \dfrac{2\sin^2 x - 1}{2\cos x} + C_1 \cos x + C_2 \sin x$

39. (a) $y = 1 + 2x + x^2 + \dfrac{1}{3}x^3 + \cdots$ (b) $y = 1 + 2x + \dfrac{3}{2}x^2 + x^3 + \cdots$

(c) $y = 1 + x + \dfrac{1}{2}x^2 + \dfrac{1}{3}x^3 + \cdots$ (d) $y = 1 + x + \dfrac{3}{2}x^2 + \dfrac{5}{2}x^3 + \cdots$

40. (a) $y = 1 + \sum\limits_{n=1}^{\infty} \dfrac{3}{n!} x^n$ (b) $y = 1 + x + \sum\limits_{n=2}^{\infty} \dfrac{4}{n!} x^n$

(c) $y = 1 + x + \dfrac{3}{2}x^2 + \dfrac{3}{4} \sum\limits_{n=3}^{\infty} \dfrac{2^n}{n!} x^n$ (d) $y = \sum\limits_{m=0}^{\infty} \dfrac{1}{2^m m!} x^{2m}$

41. (a) $y = 1 + x + \dfrac{1}{2}x^2 + \dfrac{1}{6}x^3 + \dfrac{1}{24}x^4 + \dfrac{1}{120}x^5 + \dfrac{1}{720}x^6 + \cdots$

(b) $y = 1 - \dfrac{1}{2}x^2 + \dfrac{1}{24}x^4 - \dfrac{1}{720}x^6 + \cdots$ (c) $y = x$

(d) $y = 1 + x^2 + \dfrac{1}{3}x^4 + \dfrac{1}{15}x^6 + \cdots$

42. (a) $A_{n+2} = \dfrac{4A_n}{(n+1)(n+2)},\ y = C_1 \sum\limits_{n=0}^{\infty} \dfrac{2^{2n} x^{2n}}{(2n)!} + C_2 \sum\limits_{n=0}^{\infty} \dfrac{2^{2n} x^{2n+1}}{(2n+1)!}$

(b) $A_{n+2} = -\dfrac{(n-1)A_n}{(n+1)},\ y = C_1 \sum\limits_{n=0}^{\infty} \dfrac{(-1)^{n-1}}{2n-1} x^{2n} + C_2 x$

(c) $A_{n+2} = \dfrac{n-2}{n+2} A_n,\ y = C_1(1 - x^2) + C_2 \left(x - \dfrac{x^3}{1 \cdot 3} - \dfrac{x^5}{3 \cdot 5} - \dfrac{x^7}{5 \cdot 7} - \cdots\right)$

(d) $A_{n+2} = \dfrac{4(n-1)A_n}{(n+1)(n+2)},\ y = C_1 \left(1 - 2x^2 - \dfrac{2x^4}{3} - \dfrac{4x^6}{15} - \dfrac{2x^8}{21} - \cdots\right) + C_2 x$

43. (a) $xu_x + yu_y = u$ (b) $xu_x + 2yu_y = 2u$ (c) $u_x - u_y = 0$

(d) $yu_x - xu_y = 0$ (e) $xu_x + yu_y = 0$ (f) $3xu_x - 2xu_y = 3u$

44. (a) $u = f(y + 2x)$ (b) $u = f\left(y - \dfrac{3}{2}x\right)$ (c) $u = \dfrac{x}{2} + f(y - 2x)$

(d) $u = x^2 + f(x + y)$ (e) $u = -\dfrac{x^2}{2} + xy + f(y - x)$

(f) $u = e^x f(y - 2x)$ (g) $u = x + f(y + \log |x|)$ (h) $u = -1 + xf(xy)$

45. (a) $u = \dfrac{2x - y}{2}$ (b) $u = 3x + y$ (c) $u = (2y - 3x)^2$

(d) $u = 2x^2 + 4xy + y^2$ (e) $u = e^{3x+y}$ (f) $u = \sin \dfrac{2y}{x}$

(g) $u = y^2 - 2xy - x^2 - x$

問題の略解

46. (a) $2x$ (b) $-2x-3y^2$ (c) 0 (d) $-(x^2+y^2)\sin(xy)$
47. (a) $u=f(y)$ (b) $u=f(x)+g(y)$ (c) $u=f(x)+yg(x)$
(d) $u=f(y-2x)$ (e) $u=f(y-x)+g(y)$ (f) $u=f(x+y)+g(y-2x)$
(g) $u=f(y+3x)+g(y-x)$
48. (a) $u=\sin y\cos x$ (b) $u=\dfrac{3\sin(y+2x)+\sin(y-2x)}{4}$

模擬試験問題 1

$\boxed{1}$ (1) $y=Ce^{\frac{x^3}{3}}$ (2) $y=2e^{\frac{x^3}{3}}$

$\boxed{2}$ (1) $y^2=4x^2(\log|x|+C)$ (2) $y=\dfrac{1}{x(C-3x)}$ (3) $y=C_1x^3+C_2x^3\log x$

$\boxed{3}$ (1) $y=C_1e^{2x}+C_2e^{3x}$ (2) $y=C_1e^x\cos 2x+C_2e^x\sin 2x$
(3) $y=e^{2x}+C_1e^x+C_2xe^x$ (4) $y=\dfrac{1}{4}(2x^2+3)+C_1\cos 2x+C_2\sin 2x$

$\boxed{4}$ $y=-\dfrac{1}{4}e^x+C_1e^{2x}+C_2e^{-3x},\ z=-5-\dfrac{1}{2}e^x+3C_1e^{2x}-2C_2e^{-3x}$

$\boxed{5}$ $y=20+Ce^{-kt}$ だが，条件より $C=36$． よって，$y=56\ (°\mathrm{C})$．

$\boxed{6}$ (1) $-\dfrac{1}{5}(2\cos 2x+\sin 2x)$ (2) $\dfrac{1}{50}x(5x+28)e^{2x}$

模擬試験問題 2

$\boxed{1}$ (1) $y^2-2xy+2x^2=C$ (2) $y=\dfrac{1}{x(C-2x)}$
(3) 一般解：$y=Cx-C^4$，特異解：$256y^3=27x^4$

$\boxed{2}$ (1) $u=e^xf(y-2x)$ (2) $u=xf(x^2+y^2)$ ただし，$f(t)$ は任意の 1 変数関数．

$\boxed{3}$ (1) $y=1+x+\dfrac{1}{2}x^2-\dfrac{1}{2}x^3+\cdots$
(2) $y=C_1\Big(1+\sum_{n=1}^{\infty}\dfrac{(-1)^n}{1\cdot 3\cdots(2n-1)}x^{2n}\Big)+C_2\Big(x+\sum_{n=1}^{\infty}\dfrac{(-1)^n}{2\cdot 4\cdots(2n)}x^{2n+1}\Big)$

$\boxed{4}$ 完全微分形，$x^2+3xy+4x+2y^2+5y=3$

$\boxed{5}$ 積分因子は x で，$x^3y^3+2x^2y=C$．

$\boxed{6}$ 解の基本系は $e^{3x},\ e^{-x}$ より $y=L_1e^{3x}+L_2e^{-x}$ とおく．$L_1'=\dfrac{1}{4}e^x,\ L_2'=-\dfrac{1}{4}e^{5x}$． よって，$y=\dfrac{1}{5}e^{4x}+C_1e^{3x}+C_2e^{-x}$．

$\boxed{7}$ $u=f(y)+g(x+y)$ となる．$g(t)=2t+C,\ f(t)=-t-C$ より $u=2x+y$．

索　引

あ　行

安定　40
1階高次形　22
1階正規形　61
1階線形　13, 79, 94
1次元の波動方程式　102, 104
一般解　3, 79
オイラー型　56

か　行

解曲線　3
階数　1, 78
解の基本系　28, 35
ガウスの微分方程式　75
確定特異点　66
可約　91
完全解　79
完全微分形　16
ガンマ関数　74
奇関数　103
記号解法　41, 87
基本解　13
求積法　5
境界条件　102
曲線群　2

さ　行

クレロー方程式　24
決定方程式　67
原始関数　5
項別微分　60, 61

収束半径　60
常微分方程式　1
初期条件　9, 102
ストークスの公式　103
正規形　1, 61
斉次形　28, 83
積分因子　19, 20
線形微分方程式　28, 35, 64
全微分　19, 28

た　行

たたみこみ　48
ダランベールの解　103
ダランベールの公式　60
超関数　48
超幾何関数　75
通常点　65
定数係数　35, 83, 87, 91, 98
定数変化法　29, 38

索　引

ディラックのデルタ関数　48, 101
テーラー級数　60
テーラー近似　60
電気回路　95, 100
同次形　10
同次線形　83, 87
特異解　3, 9, 24
特異点　65
特解　38, 42, 87
特殊解　3, 9
特殊関数　73
特性解　35
特性方程式　35

な　行

熱伝導方程式　106

は　行

バネ　98, 99
半線形　79
非斉次形　38
微分演算子　41
フーリエ正弦展開　103
ベキ級数法　60
ベッセル関数　74

ベッセルの微分方程式　74
ヘビサイドの単位階段関数　48
ベルヌイ形　15
変数係数　64
変数分離形　7
変数分離法　105
変数変換　11
偏導関数　16
偏微分方程式　1, 78
包絡線　24

ま　行

マクローリン級数　62, 63, 66
未定係数法　39

ら　行

ラプラス逆変換　47
ラプラス変換　47
ラプラス方程式　106
ルジャンドル多項式　74
ルジャンドルの微分方程式　73
連立微分方程式　52
ロドリーグの公式　74
ロンスキアン　28

著者略歴

石 川 恒 男
いし かわ つね お

1991年　神戸大学大学院自然科学研究科
　　　　修了
現　在　大阪工業大学工学部教授
　　　　博士(理学)

© 石川恒男　2018

2013年 1月21日　初　版　発　行
2018年11月20日　改 訂 版 発 行
2024年 4月 2日　改訂第4刷発行

例題と演習で学ぶ
微 分 方 程 式

著　者　石川恒男
発行者　山本　格

発行所　株式会社　培　風　館
東京都千代田区九段南4-3-12・郵便番号102-8260
電 話(03)3262-5256(代表)・振 替00140-7-44725

D.T.P. アベリー・平文社印刷・牧 製本

PRINTED IN JAPAN

ISBN 978-4-563-01159-8　C3041